Guía para el docente y solucionarios

Montaje y mantenimiento de instalaciones solares fotovoltáicas

ic editorial

Editado por: IC Editorial
c/ Cueva de Viera, 2, Local 3
Centro Negocios CADI
29200 Antequera (Málaga)
Teléfono: 952 70 60 04
Fax: 952 84 55 03
Correo electrónico: iceditorial@iceditorial.com
Internet: www.iceditorial.com

Guía para el docente y solucionarios:
Montaje y mantenimiento de instalaciones solares fotovoltáicas

1ª Edición

© IC Editorial 2025

ISBN: 979-13-7027-072-8
Depósito Legal: MA 1810-2025

Impresión: PODiPrint
Impreso en Andalucía - España

Índice

Bloque 1
Guía para el docente: técnicas de enseñanza y aprendizaje

1. Introducción   7
2. El programa de formación   7
3. Factores determinantes de la efectividad de la comunicación en el proceso de enseñanza-aprendizaje   10
4. La comunicación verbal y no verbal en el proceso instructivo   12
5. Técnicas de secuenciación de contenidos   20
6. La selección y planificación de estrategias didácticas   21
7. La selección y planificación de medios y recursos didácticos   22
8. La planificación de la evaluación del proceso de enseñanza-aprendizaje   24
9. El seguimiento formativo   25
10. Instrumentos para el seguimiento   27
11. Metodología de la evaluación del diseño de formación   30

Bloque 2
Solucionarios de ejercicios de repaso y autoevaluación

Solucionario 1
Electrotécnia   47

Solucionario 2
Replanteo y funcionamiento de las instalaciones solares fotovoltaicas   83

Solucionario 3
Prevención de riesgos profesionales y seguridad en el montaje de instalaciones solares   105

Solucionario 4
Montaje mecánico en instalaciones solares fotovoltaicas 115

Solucionario 5
**Montaje eléctrico y electrónico en instalaciones solares
fotovoltaicas** 153

Solucionario 6
Mantenimiento de instalaciones solares fotovoltaicas 179

Bloque 1
Guía para el docente: técnicas de enseñanza y aprendizaje

Contenido

1. Introducción
2. El programa de formación
3. Factores determinantes de la efectividad de la comunicación en el proceso de enseñanza-aprendizaje
4. La comunicación verbal y no verbal en el proceso instructivo
5. Técnicas de secuenciación de contenidos
6. La selección y planificación de estrategias didácticas
7. La selección y planificación de medios y recursos didácticos
8. La planificación de la evaluación del proceso de enseñanza-aprendizaje
9. El seguimiento formativo
10. Instrumentos para el seguimiento
11. Metodología de la evaluación del diseño de formación

1. Introducción

El presente capítulo está destinado a ofrecer al cuerpo docente responsable de la enseñanza del programa de cualificaciones profesionales y certificados de profesionalidad, una guía metodológica para obtener el máximo rendimiento de los contenidos formativos que han sido desarrollados para el presente título.

La mejora de las habilidades comunicativas y la aplicación de una metodología contrastada de enseñanza, aprendizaje y evaluación permitirá transmitir el conocimiento y adquirir el programa formativo de la forma más efectiva y práctica posible.

Estudiaremos cuáles son los principales elementos que forman parte de la comunicación profesor-alumno, a través de una cuidada selección de sistemas de planificación de estrategias didácticas, así como la utilización de medios y recursos didácticos.

La integración de todas las actividades planificadas alrededor de un plan de formación adaptado e individualizado, aumentará además la satisfacción del alumnado por la utilización de un sistema no lineal e interactivo que se retroalimenta gracias a la relación establecida entre la propia metodología y los actores que forman parte de la enseñanza.

2. El programa de formación

Una de las claves del éxito de la mayoría de las actividades que se realizan en general, y concretamente en la formación, es la **programación.** Es necesaria la programación de las acciones formativas, para que así se pueda alcanzar el objetivo final, es decir, que el alumno obtenga una buena capacitación y adquiera nuevos conocimientos en su repertorio y que, después, sea capaz de emplearlos en su trabajo.

2.1. Definición de programación

Cuando se habla de **programación,** se pueden encontrar multitud de definiciones. Para sintetizar, se podría definir como la actividad de enunciar lo que se quiere hacer (objetivos, contenidos, métodos, temporalización, medios y recursos didácticos y evaluación).

 Definición

Programación
Es un plan donde se establecen las acciones que se van a realizar en un proceso de enseñanza-aprendizaje, por medio de un formador o un equipo.

A continuación, se va a describir una serie de características que tiene que tener una programación didáctica:

- Dinámica. Una programación no es estática ni está acabada, siempre está en constante revisión, de ahí su dinamismo. Además va cambiando o evolucionando según los resultados de la evaluación continua que se va realizando durante la ejecución de la acción.
- Flexible. Esta característica permite que se puedan hacer cambios, ampliaciones, reducciones y actualizaciones de los contenidos y actividades programadas, según las necesidades que se observen.
- Creativa. La programación como es un diseño propio y exclusivo, exige creatividad y originalidad. El docente es el que decide sobre el quehacer en el aula teniendo en cuenta las características del grupo, las necesidades que se pretenden satisfacer y las propias posibilidades.
- Prospectiva. La programación consiste en hacer un pronóstico de la interacción que se va a producir en el aula.

- Sistemática. La programación es un proceso sistematizador que da coherencia a la acción formativa, ya que tiene en cuenta todos los elementos (objetivos, contenidos, métodos, temporalización, medios y recursos pedagógicos y evaluación) que intervienen en el acto educativo y analiza sus relaciones.
- Integradora. Permite integrar elementos de cualificación técnico-profesionales con elementos de cualificación personal de alumnado.
- Funcional. Toda programación debe basarse en el perfil profesional de la ocupación y estructurar los contenidos formativos que proporcionan las competencias de ésta.

2.2. Elementos de la programación

Antes de empezar cualquier programación formativa, es necesario tener en cuenta los datos obtenidos del análisis de la ocupación y del grupo al que se dirige la acción formativa. A partir de esta información, se determinan los elementos que van a conformar la programación.

Cuando se realiza la programación de un curso, hay que plantearse previamente las siguientes preguntas:

1. ¿Qué quiero conseguir con la formación?	**OBJETIVOS**
2. ¿Qué conocimientos deben asimilar los alumnos para alcanzar los objetivos propuestos?	**CONTENIDOS DEL CURSO**
3. ¿Cómo trabajamos en el aula? ¿Qué actividades son las que realizamos?	**MÉTODOS DE ENSEÑANZA**
4. ¿Cuánto tiempo tengo y cuánto dedico a cada módulo?	**TEMPORALIZACIÓN**
5. ¿Qué medios y recursos didácticos se necesitan para poder llevar a cabo esas actividades?	**MEDIOS Y RECURSOS DIDÁCTICOS**
6. ¿Cómo sabemos que se ha producido el aprendizaje?	**EVALUACIÓN**

3. Factores determinantes de la efectividad de la comunicación en el proceso de enseñanza-aprendizaje

En toda comunicación que se produzca en el proceso de enseñanza-aprendizaje, existen factores determinantes que obstaculizan o refuerzan este proceso.

3.1. Obstáculos de la comunicación

Relacionados con el emisor

- No expresar de forma clara qué mensaje se quiere transmitir.
- Comentar algo a lo largo de la explicación que no sea lo correcto y pueda resultar desagradable.
- Cambiar el tema de conversación.
- Desviarse del tema que se está tratando.
- No mirar al receptor cuando se quiere expresar algo.
- No estar atento a las señales que emite el receptor.
- Expresar alguna idea a través de los gestos que no se corresponda con la idea a comunicar.

Relacionados con el receptor

- No comprender las ideas que quiere expresar el emisor.
- No pedir explicación al emisor de aquella información que no le haya quedado clara.
- Interrumpir al emisor cuando está hablando.
- Captar algo diferente a lo que el emisor desea transmitir.

Relacionados con el mensaje

- Mensaje confuso.
- Mensaje muy corto.
- Mensaje muy extenso.
- Abuso de muletillas.
- Utilización de frases sin terminar.
- Dar "rodeos" para decir la idea principal.

Relacionados con el contexto

- No ser el momento adecuado para transmitir algo.
- No saber escoger el lugar oportuno.
- La presencia de ruidos y de interferencias.
- No pensar en las personas que están cerca.

Relacionados con el código

- No utilizar el mismo código que la persona con la que se habla o a la que se escucha.
- No adaptar el vocabulario a la situación o a la persona con la que se conversa.
- Utilizar el doble sentido.

3.2. Sugerencias para el mejor funcionamiento de la comunicación

Emisor

- Acostumbrarse a planificar la comunicación.
- Concretar visiblemente los objetivos.
- Buscar la retroalimentación en la comunicación.
- No tratar de impresionar al receptor.

Mensaje

- Que sea claramente entendido por el receptor.
- Que la terminología usada sea de referencia común.
- Que reclame la atención y el interés del alumnado.
- Que sea sencillo de interpretar.
- Que su contenido sea adecuado y convincente.
- Que produzca el máximo efecto posible.

Canal

- Que sea el más apropiado al grupo al que se dirige, al contenido del mensaje y al objetivo que persigue el formador.
- Que sea el que cause mayor impacto en el receptor.
- Que sea el más eficaz.
- Que sea el que mejor domine el formador.

4. La comunicación verbal y no verbal en el proceso instructivo

Los medios de comunicación pueden agruparse en dos grandes bloques: los **medios verbales,** que son aquellos que usan la lengua como código compartido; y los **medios no verbales,** que son los que se fundamentan en otros códigos simbólicos. A su vez, dentro de los medios verbales, están el medio escrito y el medio oral.

Cada uno de estos medios tiene sus ventajas y sus inconvenientes, por lo que la selección del medio deberá tener en cuenta las circunstancias y características que en cada caso presenta el comunicador, la audiencia y el mensaje que se ha de transmitir.

4.1. Los medios verbales

La comunicación verbal

La comunicación verbal se utiliza para comunicar ideas o dar información, opiniones, expresar o describir sentimientos, etc. Sirve de vehículo a los contenidos explícitos del mensaje. Para garantizar la efectividad de la comunicación, es necesario que el mensaje se presente de forma descriptiva y operativa, pero siempre teniendo muy en cuenta el código común del grupo al que va dirigida esta comunicación.

Un uso correcto del lenguaje oral ayuda a acercarse más a los alumnos. Los principales aspectos a considerar son los que aparecen a continuación.

Construcciones gramaticales

El objetivo será transmitir el mensaje de la manera más clara posible. Se deben evitar los giros rebuscados, la sintaxis complicada y las metáforas. En las explicaciones y conversaciones debe primar el contenido sobre la forma.

Vocabulario

Es importante saber qué palabras van a expresar mejor los conceptos que se desean transmitir y las que pueden ser comprendidas mejor por los alumnos. El análisis previo de los alumnos ayuda a saber qué términos técnicos se pueden utilizar sin problemas, cuáles se tienen que explicar y cuáles se deben evitar.

En general, siempre hay que mantenerse dentro de un lenguaje formal, evitando los vocablos demasiado coloquiales, las palabras extranjeras, las referencias académicas y expresiones de carácter religioso, político, deportivo o cultural, que pueden resultar agresivas para los alumnos.

Ejemplos

Los conceptos abstractos que pueden aparecer y que dificultan la adquisición de los contenidos, tienen que ser expresados mediante las explicaciones del formador, siempre apoyándose en la visualización.

La comunicación escrita

La comunicación escrita posee un carácter más veraz que la oral. La interacción que tiene lugar entre el emisor y el receptor no es inmediata, en algunas ocasiones no llega a producirse jamás. Este tipo de comunicación ofrece más oportunidades expresivas y mayor complejidad gramatical, sintáctica y léxica. También hay que tener en cuenta que a veces dificulta la expresión y/o puede no proporcionar *feedback* de manera inmediata.

4.2. Los medios no verbales

Al igual que las palabras, los elementos de la comunicación no verbal son signos que representan una idea (se excluyen todos los signos lingüísticos).

A diferencia de la comunicación verbal, su función no se centra sólo en la transmisión de contenido, sino que traspasa esa frontera para expresar también las emociones del emisor, controlar la interacción y proporcionar *feedback* del efecto que el mensaje produce en el receptor. Todas estas funciones son muy útiles para el formador, tanto en su tarea de transmisor de conocimientos como en la tarea de motivar y dirigir al grupo.

A continuación, se detallan las diferentes categorías en las que se agrupan los elementos de la comunicación no verbal.

Kinesia

Posturas

Una de las primeras cosas que el formador debe transmitir a sus alumnos es confianza y seguridad, lo que puede conseguirse a través de una postura erguida (sin llegar a ser arrogante), de pie, apoyándose sobre los dos pies y manteniendo la cabeza alta.

Esta postura es útil, especialmente durante la presentación del curso, porque ayuda a relajar el cuerpo, a facilitar la respiración y a controlar las muestras de nerviosismo, al tener un buen apoyo en el suelo.

A medida que avanza el curso, se pueden adoptar otras posturas que faciliten el descanso (apoyarse), el acercamiento (echar el cuerpo hacia delante) o que resten protagonismo (sentarse).

Gestos

Los gestos son un buen aliado del formador, excepto cuando éste se siente incómodo o nervioso. Gestos de carácter adaptador, como rascarse o colocarse la ropa, pueden delatar su estado emocional.

La mayoría de los gestos cumplen la función de reforzar el mensaje verbal (ilustradores), aunque existen otros cuya función es regular las intervenciones cuando se dirige una discusión de grupo.

Expresiones faciales

Las expresiones de la cara transmiten las emociones y permiten obtener fácilmente una respuesta del alumno.

Una expresión facial agradable, como una sonrisa no forzada, facilita la creación de un ambiente relajado en el aula. Una sonrisa puede ser muy útil también para romper la tensión que inevitablemente surge en algunas sesiones.

Mirada

La mirada, junto con la postura, es uno de los mejores métodos para transmitir confianza (en momentos de nerviosismo se tiende a apartar la vista) y para captar la atención de los alumnos.

Mientras el formador habla debe mantener la mirada sobre los alumnos la mayor parte del tiempo, mirándolos el tiempo suficiente como para que se sientan atendidos pero no incómodos. También se puede utilizar la mirada durante las discusiones de grupo, con una función reguladora de las distintas intervenciones.

Desplazamientos

Realizar desplazamientos en el aula capta la atención del alumnado, además de facilitar el contacto visual. Hay que procurar que no sean repetitivos o bruscos (pasear cerca de los alumnos), y cambiar de un recurso a otro (ir de la pizarra al retroproyector), etc.

 **Recuerde**

Los recursos no verbales que estudia la Kinesia son:

I Posturas.
I Gestos.
I Expresiones faciales.
I Mirada.
I Desplazamientos.

Estos recursos pueden utilizarse tanto para reforzar lo que se expresa mediante la comunicación verbal como para sustituirlo.

Proxémica

El aspecto de la proxémica que más interesa es la proximidad física entre los individuos, ya que los alumnos pueden sentirse violentos si el formador se aproxima excesivamente a ellos o, por el contrario, verle distante si no se acerca.

Se debe prestar atención a este aspecto, tanto durante las intervenciones como al distribuir el espacio del aula que se va a emplear, evitando siempre que los asientos estén demasiado juntos o demasiado separados.

Paralingüística

Para captar la atención del público, los oradores suelen hacer uso de determinados aspectos como el tono de voz o las pausas, que en algunos casos pueden parecer exagerados.

El formador, aunque emplee el método de la lección magistral, no es un orador y, por tanto, no debe prestar especial atención a estos aspectos, excepto cuando le plantean algún problema, debido a la ansiedad, al cansancio o a un mal estado de salud. Practicar en voz alta y realizar grabaciones durante la fase de preparación puede ayudar a vencer estas dificultades.

Volumen

Aunque el aula sea pequeña, se tiene que realizar el esfuerzo de hablar lo suficientemente alto para que todos los alumnos oigan las explicaciones y, a la vez, transmitir confianza. En general, el volumen se ajustará instintivamente cuando se compruebe dónde se sitúa la persona que se encuentra más alejada.

Entonación

El problema más frecuente, especialmente si se está cansado, es la monotonía, que no contribuye a captar la atención ni a motivar a los alumnos.

El interés que el formador muestre por el tema y una correcta preparación le hará destacar los puntos clave y jugar con la entonación de una forma adecuada a lo largo de toda la exposición.

Pronunciación

Los problemas se presentan especialmente cuando se está nervioso o se habla demasiado rápido. Se debe hacer un esfuerzo por articular todas las palabras de manera limpia y clara, abriendo la boca lo suficiente para pronunciar correctamente las sílabas, consonantes y vocales.

Velocidad

Una velocidad correcta puede ayudar a resolver problemas de pronunciación y de entonación. Se debe hablar a una velocidad normal o algo superior, para facilitar el mantenimiento de la atención. No obstante, si se está nervioso, se puede hablar con mayor lentitud para facilitar la respiración y relajarse. También se debe reducir la velocidad cuando se expliquen conceptos técnicos complejos o cuando se espere alguna respuesta por parte de los alumnos.

Recuerde

Los elementos que trata la Paralingüística son:

I El volumen.
I La entonación.
I La pronunciación.
I La velocidad.

Proyección física

Existen determinados factores que, sin que la persona diga ni haga nada, transmiten información y hacen referencia a la imagen física que esta persona proyecta.

Es fundamental que el formador transmita una imagen positiva para los alumnos. Se debe cuidar el aspecto externo y los artefactos que se usen, como los adornos y prendas de vestir. La manera adecuada de vestir depende de la situación y siempre debe estar en consonancia con lo que cada colectivo de alumnos espera del formador.

Ejemplo

Sería negativo vestir pieles para impartir un curso cuyo objetivo fuese desarrollar actitudes positivas hacia la protección del medio ambiente.

En cualquier caso, se debe llevar ropa que resulte cómoda, bien cuidada y no demasiado llamativa. A los adornos y al peinado se aplican las mismas reglas que al vestido.

Importante

Un objetivo fundamental del formador es dirigir la atención de los alumnos hacia el contenido que está desarrollando, nunca hacia su persona.

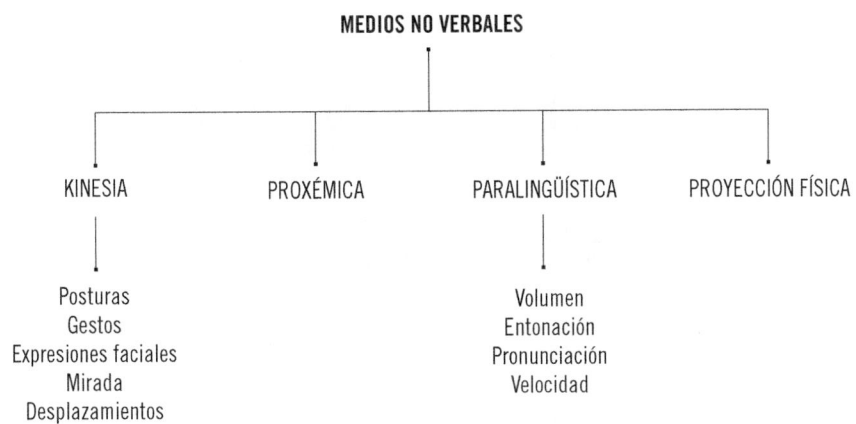

Finalmente, conviene recordar que si el formador observa atentamente la comunicación no verbal que expresan los alumnos, obtendrá una gran cantidad de información.

Hay numerosos signos no verbales que puede mostrar el alumno:

- **Atención:** posturas del cuerpo (inclinado hacia delante, hacia atrás...).
- **Necesidad de hablar:** movimientos sutiles de la boca, de la mano, etc.
- **Irritación:** movimiento de pies, manipulación de objetos sobre la mesa, etc.

- **Concentración:** tomar apuntes, mirar al docente, etc.
- **Cansancio:** cuerpo hundido, suspiros, etc.
- **Inercia:** silencios de todo el grupo, etc.
- **Desinterés:** cerrar el cuaderno, bostezar, mirar al vacío, etc.
- **Sorpresa:** levantar los brazos, abrir la boca, levantar las cejas, abrir los ojos, etc.

Si se observan estos elementos de forma atenta, se podrá obtener información sobre la comprensión del mensaje y el estado emocional de los alumnos, lo que será de gran utilidad para el formador durante el curso.

La comunicación no verbal aporta información al formador sobre los alumnos

5. Técnicas de secuenciación de contenidos

Una vez seleccionados los contenidos, hay que ordenarlos secuencialmente. La **secuenciación y estructuración de los contenidos** es el proceso que permite situarlos en una configuración que produce el máximo aprendizaje en el mínimo tiempo posible.

Algunas de las técnicas para la secuenciación de contenidos son las siguientes:

- Que los contenidos estén de acuerdo con los objetivos propuestos y con los plazos previstos para conseguirlos.

- Empezar por los contenidos más próximos y significativos para el alumno, para llegar poco a poco a lo desconocido. De esta manera, resultará más fácil introducir los nuevos contenidos.
- Ir de lo inmediato a lo remoto.
- Ir de lo concreto a lo abstracto.
- Ir de lo más fácil a lo más difícil. Esto motiva al alumnado porque le va mostrando los avances de manera rápida.

Las principales ventajas que este proceso conlleva son:

- Ayuda al participante a pasar de un conocimiento o habilidad a otro.
- Garantiza que los conocimientos y habilidades previas son alcanzados antes de introducir elementos nuevos.
- Reduce el tiempo de formación.
- Evita la confusión y los fallos en el participante.

Estos puntos son los principales aspectos a tener en cuenta cuando se realiza la presente fase de la programación de la formación, es decir, cuando se fijan los contenidos de la formación.

6. La selección y planificación de estrategias didácticas

Las personas que realizan un curso de formación son diversas, por ello es muy importante que las estrategias didácticas se adapten, de la mejor forma posible, al contexto y permitan una flexibilidad.

 Definición

Estrategias didácticas
Son procedimientos que el formador emplea para facilitar el aprendizaje, con la intención de que éste sea significativo.

Tras la selección y estructuración de contenidos, llega el momento de decidir la modalidad de formación a seguir y la metodología a utilizar en su impartición. Pero esta decisión no se puede tomar arbitrariamente, sino que ha de basarse en unos criterios. Los criterios de decisión básicos para determinar qué estrategia y qué método de formación es el adecuado, son:

- La compatibilidad con los objetivos.
- Los principios generales del aprendizaje del adulto: individualización, motivación, utilidad, practicidad, intereses, etc.
- Los principios de rigor, realismo y participación.
- El carácter eminentemente aplicativo de los aprendizajes.
- La posibilidad de transferir los aprendizajes al puesto de trabajo.
- Los recursos disponibles, incluido el tiempo.
- Los factores relacionados con los participantes, como el estilo de aprendizaje, la edad, el tamaño del grupo, la motivación, etc.

Una vez escogido el método, se observa que ninguno es químicamente puro, sino que unos participan de otros. Por lo demás, todo método puede ser adecuado o inadecuado dependiendo del modo en que sea empleado.

Los formadores deben utilizar los métodos flexiblemente, de la forma que mejor se adapten al estilo de formación, a la materia y a los alumnos, complementando cada método con la técnica y recurso didáctico más acorde.

7. La selección y planificación de medios y recursos didácticos

Para realizar cualquier acción formativa, hace falta algo más que elegir y aplicar unos métodos y unas técnicas. Son necesarios los medios y recursos didácticos, que van a ayudar a desarrollar la metodología seleccionada en el aula. Los medios y recursos didácticos permiten el trasvase de información formador-alumno.

 Definición

Medios didácticos
Son materiales elaborados para facilitar los procesos de enseñanza-aprendizaje.

Recursos didácticos
Son soportes mediante los cuales se presentan los contenidos del curso a los alumnos.

A la hora de escoger el medio o recurso a utilizar, se deben tener en cuenta los siguientes criterios:

- **Características de la materia o tema.** Dependiendo de la naturaleza de los contenidos, éstos pueden ser transmitidos por unos u otros métodos.
- **Los objetivos del curso.** Toda selección de medios y estrategias de enseñanza deben realizarse en función de éstos.
- **La disposición del aula y el número de alumnos.** Hay que tener cuidado, sobre todo en la visibilidad de alguno de los recursos, porque pueden perder eficacia.
- **Tiempo disponible para la formación.** Este elemento tiene que estar siempre presente, porque, en función del tiempo que se tenga, se elegirá lo que se adapte mejor a las necesidades.
- **Recursos disponibles,** ya que en algunas ocasiones están a nuestro alcance.
- **El uso que se haga de ellos,** cuál es la finalidad, qué es lo que se pretende y en qué momento se van a utilizar.
- **El nivel de conocimiento de los alumnos** sobre el tema.

Todos estos puntos se han de tener en cuenta a la hora de escoger un medio o recurso didáctico. La finalidad de éstos no es otra que la de fundamentar, apoyar y reforzar el acto formativo.

8. La planificación de la evaluación del proceso de enseñanza-aprendizaje

La aplicación de programas de formación lleva a la obtención de unos determinados resultados. Éstos serán los frutos de la formación y mostrarán el grado de eficacia y eficiencia con que se lleva a cabo la función formativa.

Los resultados indican el éxito de la formación mediante su contraste con los objetivos fijados anteriormente. Este procedimiento recibe el nombre de **evaluación,** proceso ampliamente conocido y con trascendencia reconocida para la formación. Según el proceso de evaluación aplicado, los resultados obtenidos serán reales y fiables, o bien, falseados.

Para que los resultados de la evaluación muestren con certeza el grado de éxito alcanzado con la formación, es necesario un requisito previo: el establecimiento de criterios de evaluación durante el proceso de planificación de la formación. Los criterios actúan como puntos de referencia, a partir de los cuales se valoran los resultados obtenidos.

Los criterios de evaluación han de fijarse con mucha atención, ya que determinan el proceso de evaluación, y éste juzga el grado de éxito de la función formativa.

El primer aspecto a tener en cuenta es la validez: los criterios de evaluación han de ser válidos en relación a los elementos del proceso formativo.

Los aspectos que determinan el grado de validez de los criterios de evaluación son:

- La relevancia.
- La no deficiencia.
- La no contaminación.
- Su fiabilidad.

El establecimiento de criterios válidos y fiables permitirá elaborar un proceso de evaluación de la formación que mida rigurosamente la eficacia y la eficiencia de la función formativa.

9. El seguimiento formativo

El seguimiento es un proceso continuo que sirve para evaluar la eficacia del uso de los recursos y para saber qué iniciativas se pueden emprender para mejorar el aprovechamiento de los recursos formativos.

El seguimiento, además de realizarse después de haber finalizado la planificación formativa, también se realiza antes de la acción.

9.1. Características

El seguimiento formativo permite evaluar los distintos componentes (desde los alumnos hasta todos los elementos que forman la programación) que intervienen en él durante todo el proceso de formación.

El seguimiento formativo se diferencia de la evaluación en que éste tiene que ver más con tareas organizativas, de coordinación, administrativas, etc.; sin embargo, la evaluación valora aspectos de los procesos de formación, como pueden ser la comunicación, el aprendizaje de los nuevos conocimientos, etc.

Con la realización adecuada de un seguimiento formativo:

- Se pueden **descubrir errores o desajustes** en el proceso de enseñanza-aprendizaje antes de que se realice la evaluación final para comprobarlos.
- Se pueden **corregir los errores** en el momento en el que se están produciendo.
- Además, **se detectan los aspectos positivos** que tienen lugar a lo largo de todo el proceso y las **posibles mejoras** que se pueden realizar.

El seguimiento formativo tiene que ser realizado por todas las personas que están implicadas en la realización de los cursos de formación (tutores, coordinadores, técnicos, etc.), por ello, el formador es una figura importante en el proceso de formación, ya que se encuentra implicado en él.

El proceso de formación debe estar planificado, pensado y planteado antes de que empiece la acción de formación, nunca debe llevarse a cabo de manera cerrada, sino que tiene que estar abierto a cualquier cambio que se considere necesario.

9.2. Finalidad

Son varias las finalidades que persigue el seguimiento formativo:

- Ayudar a comprender por qué ocurren algunas cosas y qué se puede hacer para intervenir en ese proceso que se está llevando a cabo.
- Identificar y solucionar los problemas que surgen a lo largo del proceso.
- Contribuir para elaborar planes de formación de manera objetiva, sin desviarse de la finalidad éste.
- Colaborar en la disminución y control del uso de los recursos materiales.
- Determinar el nivel que puede alcanzar el rendimiento y relacionarlo con el rendimiento actual.
- Diagnosticar y detectar problemas para llevar a cabo las acciones correctivas pertinentes.

9.3. Planificación

El seguimiento formativo debe planificarse antes y durante la acción formativa.

El objetivo de este seguimiento es comprobar la eficacia de la acción formativa antes de que ésta llegue a su fin, es decir, es necesario que durante este proceso todos los elementos que van a formar parte del aprendizaje estén planificados.

Los dos momentos que hay que tener en cuenta para planificar el seguimiento formativo son:

- **Antes de la acción formativa:** es necesario conocer las necesidades, el perfil del alumno, qué materiales, instrumentos, recursos, medios didácticos se van a usar.

■ **Durante la acción formativa:** aquí el seguimiento se utiliza para comprobar los posibles errores y mejoras que se pueden llevar a cabo. Ofrece la posibilidad de poder modificar aquellas acciones o medios que dificultan el avance del aprendizaje.

10. Instrumentos para el seguimiento

A lo largo de un ciclo formativo pueden suceder errores y surgir problemas, esto abarca desde la identificación de necesidades hasta la planificación, el diseño, la implantación y la evaluación. Por todo esto, es importante saber cuál es la causa del problema y saber tomar las medidas oportunas para que no se origine nuevamente.

Para detectar el origen del problema, siempre se necesita una información determinada, ésta sólo se puede obtener mediante técnicas que ayuden a obtenerlas, es decir, que permitan recabar y analizar los datos obtenidos.

Para el seguimiento del proceso de enseñanza-aprendizaje, se pueden confeccionar diferentes tipos de instrumentos de evaluación, como pueden ser los cuestionarios y utilizar la observación directa, etc., si el tipo de formación lo permite (presencial o semipresencial). Estos instrumentos variarán según el tipo de datos que se quiera conseguir.

Un ejemplo de plantilla para recoger y analizar la información podría ser esta:

CURSO:		1° Módulo	2° Módulo	3°Módulo
	Suficiente			
	Insuficiente			
Objetivos del módulo	Adecuado			
	Inadecuado			

Continúa en página siguiente >>

<< Viene de página anterior

CURSO:		1º Módulo	2º Módulo	3ºMódulo
Contenidos del módulo	Suficiente			
	Insuficiente			
	Adecuado			
	Inadecuado			
Metodología	Suficiente			
	Insuficiente			
	Adecuado			
	Inadecuado			
Actividades y recursos	Suficiente			
	Insuficiente			
	Adecuado			
	Inadecuado			
Recursos materiales	Suficiente			
	Insuficiente			
	Adecuado			
	Inadecuado			
Recursos humanos	Suficiente			
	Insuficiente			
	Adecuado			
	Inadecuado			
Proceso de evaluación	Suficiente			
	Insuficiente			
	Adecuado			
	Inadecuado			
Nivel de satisfacción del alumnado	Suficiente			
	Insuficiente			
	Adecuado			
	Inadecuado			

Para el seguimiento del aprendizaje, como la información que se obtiene es de diferente índole, se recogerá mediante la aplicación de las técnicas seleccionadas y elaboradas para la evaluación de cada uno de los aspectos planteados (observación directa de los trabajos, participación, cuestionarios acerca de la motivación y satisfacción del alumnado, etc.).

Por ejemplo, los contenidos que se podrían incluir en la "parrilla" de análisis son los siguientes:

CURSO		1er Módulo	2º Módulo	3er Módulo
Conceptos (comprende los contenidos conceptuales)	Con facilidad			
	Con normalidad			
	Con dificultad			
Procedimientos (aplica y desarrolla los contenidos procedimentales)	Con facilidad			
	Con normalidad			
	Con dificultad			
Actitudes (manifiesta las actitudes adecuadas a los contenidos)	Con facilidad			
	Con normalidad			
	Con dificultad			
Motivación y participación	Con facilidad			
	Con normalidad			
	Con dificultad			
Satisfacción del alumno	Con facilidad			
	Con normalidad			
	Con dificultad			

Dos de las herramientas básicas son:

- **Los diagramas de flujo:** éstos sirven para desglosar en forma de componentes, para presentar una clara imagen de lo que ocurre.
- **Los checklists:** éstos son especialmente útiles para garantizar que se han realizado todas las acciones necesarias. Es otro método de ayuda orientado a los formadores y participantes para preparar, utilizar y solucionar los problemas del equipamiento.

Otros métodos de seguimiento y control que pueden ayudar en la formación son:

- Las reuniones formales e informales.
- Pasar un informe de las sesiones, cuestionarios de satisfacción o formularios de evaluación del curso.
- Entrevistas de evaluación.

 Recuerde

Algunos de los instrumentos de seguimiento más utilizados son:

I Cuestionario de satisfacción
I Cuestionario de motivación
I Observación directa
I Reuniones formales e informales
I Entrevistas de evaluación

11. Metodología de la evaluación del diseño de formación

Los métodos empleados en la evaluación siempre suelen son los mismos, independientemente de que se evalúen los objetivos, los contenidos, los recursos, etc. A pesar de esto, hay que tener en cuenta que no se deben utilizar todos los métodos que se van a nombrar, sino que todo dependerá de lo que se esté evaluando.

Los métodos más frecuentes son:

- Observación sistemática.
- Observación mediante observadores externos o internos del grupo.
- Análisis de trabajo.
- Entrevistas personales.
- Situaciones de simulaciones.

- Diálogos, debates.
- Cuestionarios específicos.
- Inventarios.
- Grabaciones en vídeo.
- Etc.

11.1. Evaluación de los objetivos

Cuando se diseña el programa formativo, se deben concretar los objetivos que serán objeto de evaluación al finalizar el curso, para comprobar si éstos se han alcanzado o no.

Los objetivos marcan aquellos aspectos claves que debe adquirir el alumno para alcanzar unas competencias determinadas. Éstos determinarán lo que el alumno será capaz de saber y saber hacer al acabar el curso, en unas condiciones dadas y con unos medios determinados.

Si, al finalizar el curso, se observa que los objetivos no se han cumplido en su totalidad, hay que analizar cuál ha sido la causa de este error y corregirlos. Si se han cumplido los objetivos, habrá que determinar los motivos de éxito, para volver a ponerlos en práctica en futuros cursos.

Los objetivos marcados al inicio de la formación sirven para:

- Dirigir la formación, es decir, saber hacia dónde se quiere llegar con ésta.
- Comprobar qué se ha logrado.
- Facilitar la evaluación, ya que se sabe cuáles son los objetivos que hay que evaluar.
- Reorientar la formación en el mismo momento que se está realizando.
- Elegir los métodos más adecuados para la formación.

La evaluación de los objetivos debe medirse atendiendo a:

- **Objetivos generales:** son utilizados para saber cuáles son las competencias generales.
- **Objetivos específicos:** parten de los objetivos generales.

■ **Objetivos operativos:** son derivados de los específicos. Son objetivos más concretos y siempre deben estar relacionados con actividades u operaciones determinadas. Son los más fáciles de medir.

 **Ejemplo**

Objetivos específicos para evaluar un curso de primeros auxilios:

I Aprender los conceptos básicos y generales de los primeros auxilios.
I Adquirir las habilidades y aplicar los principios de actuación para poder reaccionar adecuadamente en situaciones de urgencia.
I Conocer los aspectos jurídicos relacionados.

11.2. Evaluación de los contenidos

La evaluación de los contenidos se realizará para comprobar si los objetivos que se habían marcado al principio de la formación se han logrado, así como para eliminar aquellos contenidos que no aportan nada al curso.

Se debe tener siempre en cuenta que se puede lograr un mismo objetivo de formación utilizando diversos contenidos.

Para evaluar los contenidos, hay que comprobar si se ha seguido una secuencia lógica a la hora de impartirlos. Esta secuencia permite que los contenidos sean adquiridos por los alumnos de una manera más significativa, es decir, facilita el aprendizaje de los mismos.

Para que la evaluación de los contenidos resulte positiva, éstos deben ir expuestos:

■ De acuerdo con los objetivos propuestos y con los plazos previstos para conseguirlos.
■ De lo conocido a lo desconocido.

- De lo inmediato a lo remoto.
- De lo concreto a lo abstracto.
- De lo fácil a lo difícil.

Otro aspecto a tener en cuenta para que la evaluación de los contenidos sea positiva, es que éstos se deben estructurar adecuadamente, por ejemplo, mediante módulos, unidades didácticas, etc. Éstas tienen que abarcar los conocimientos, las habilidades y las actitudes que capacitan al alumno para poner en práctica las funciones que desempeñará en su puesto de trabajo. Por lo general, se pueden constituir equivalencias entre objetivos generales y cursos, objetivos específicos y módulos, unidades didácticas, etc. así como entre objetivos operativos y sesión formativa,.

 Ejemplo

Siguiendo el ejemplo anterior de primeros auxilios, los contenidos que se evaluarán para comprobar si se han logrado o no los objetivos anteriormente propuestos, son:

❘ Primeros auxilios: conceptos generales.
❘ Soporte vital básico (reanimación cardio-pulmonar)-adultos.
❘ Soporte vital básico-niños.
❘ Soporte vital instrumental.
❘ Traumatismos osteoarticulares. Inmovilizaciones (vendajes y férulas improvisadas).
❘ Movilización de urgencia y posiciones de espera.
❘ Traumatismos craneales y vertebro-medulares.
❘ Otras situaciones de emergencia.

11.3. Evaluación de la metodología

La evaluación de la metodología consiste en comprobar que los métodos que se han utilizado son los adecuados para lograr los objetivos formativos, aunque éstos deben ser flexibles a la hora de utilizarlos, ya que deben adaptarse a la materia tratada, a los alumnos, a los recursos disponibles, etc.

Para conseguir que la evaluación de la metodología sea positiva, se deben tener en cuenta las características que se emplean para definir un método. Éstas pueden ser:

- Presentar y mostrar la problemática del tema para que, a través de la reflexión y el esfuerzo, el alumno pueda resolverla.
- Respetar tanto la libertad de expresión como de creación.
- Las actividades que están destinadas al alumno tienen que ser dirigidas por el formador para que el alumno reflexione y participe.
- Motivar al alumno, relacionando los temas con sus intereses, motivaciones y necesidades.
- Organizar los nuevos aprendizajes para que se integren con los ya adquiridos.
- Tener en cuenta las limitaciones y las posibilidades que tiene cada alumno.
- Dar lugar a la acción individualizada a través de tareas que requieran planteamientos y acciones individualizadas.

11.4. Evaluación de actividades y recursos

Las **actividades** son unos elementos que acompañan a los contenidos formativos, ya que éstas refuerzan los contenidos que son expuestos por el formador. Siempre debe existir coordinación entre ambos, para esto se deben seleccionar adecuadamente tanto los métodos como las técnicas.

Para evaluar las diversas actividades que se han desarrollado, hay que formular una serie de preguntas para saber si las actividades han sido eficaces o han fallado en su ejecución. Algunas de estas preguntas pueden ser:

- ¿Qué ha hecho el alumno?
- ¿Ha sabido aplicar los conocimientos necesarios para lograr resolver las actividades?
- ¿Valora y comprende la finalidad de la actividad?
- ¿Ha mostrado interés en la realización de la misma?
- ¿Qué ha aprendido?
- ¿Han sido válidas las actividades?

■ ¿Cuáles han fallado? ¿Por qué?
■ ¿Se han alcanzado los objetivos?
■ Etc.

Junto con las actividades, los recursos también tienen que ser evaluados, ya que de ellos va a depender en cierta manera la eficacia de las actividades. Por eso, en la evaluación de los recursos hay que tener en cuenta la eficacia de aquellos que se han utilizado y cuáles son los que se hubieran necesitado para desarrollar el curso.

Se pueden distinguir varios criterios para evaluar la eficacia de los recursos:

■ Su calidad, porque actúa como mediador entre la realidad y la estructura cognitiva del alumno.
■ El contexto metodológico, ya que todo va a depender de la metodología usada por el formador.
■ Los propios alumnos, sus motivaciones, intereses, etc.
■ La experiencia del formador en el manejo de los diversos recursos, sus habilidades, etc.

También es necesario tener en cuenta qué evaluar de los recursos:

■ La rentabilidad de éstos.
■ El aprovechamiento para distintas finalidades.
■ El mantenimiento.
■ La actualización, deben adaptarse a las nuevas tecnologías.
■ La adecuación al proceso de enseñanza-aprendizaje.
■ Posibilitar la acción, estimular y responder a las curiosidades presentes en el alumnado.

11.5. Evaluación del formador

La figura del formador es muy importante a lo largo de todo el proceso formativo, ya que, en cierta manera, el éxito o el fracaso de la formación recae sobre él, por lo tanto, es imprescindible conocer previamente a la persona que va a impartir un curso.

El formador es el mediador entre los contenidos y los alumnos, por lo que debe evaluarse de forma continua y a lo largo de todo el proceso de enseñanza-aprendizaje, así como al final del proceso, momento en que se comprobará si los métodos y estrategias que ha diseñado y utilizado han sido los adecuados, introduciendo posibles modificaciones para las prácticas futuras.

La evaluación del formador se puede realizar desde varias vertientes, en cada una de ellas se evalúan aspectos diferentes, pero todas persiguen el mismo fin, que es fomentar la calidad de la formación.

Evaluación realizada por los alumnos

Los alumnos pueden evaluar aspectos como la relación del formador con los alumnos, la organización de las sesiones, el control de clase, la efectividad de la enseñanza, etc.

En la siguiente tabla se muestra un cuestionario a modo de ejemplo:

Marque la opción que más se adecúe a las características que prevalecieron a lo largo del curso

1. Las oportunidades que tuve para realizar preguntas en clase fueron:
   a. Frecuentes
   b. Regulares
   c. Escasas
   d. Muy escasas

2. El interés que mostró el formador respecto a los alumnos fue:
   a. Satisfactorio
   b. Regular
   c. Poco
   d. Muy pobre

3. El clima existente en el aula fue:
   a. Bueno
   b. Regular
   c. Tenso
   d. Malo

Continúa en página siguiente >>

<< Viene de página anterior

Marque la opción que más se adecúe a las características que prevalecieron a lo largo del curso

4. En la prueba final se evaluaban los contenidos dados a lo largo del curso:
   a. Sí
   b. No

5. El material presentado en el curso fue:
   a. Original
   b. Poco original
   c. Nada original

6. Las actividades que realicé para asimilar los contenidos fueron:
   a. Útiles
   b. Regulares
   c. Pobres
   d. Inútiles

7. El contenido marcado para el curso se expuso en su totalidad:
   a. Sí
   b. No

8. El grupo de alumnos afectó a mi aprendizaje:
   a. De manera positiva
   b. De manera negativa
   c. No me afectó

9. El material audiovisual me pareció:
   a. Atractivo
   b. Regular
   c. Inadecuado

10. Los procesos, problemas y soluciones experimentados en el trabajo en grupo fueron:
    a. Bien planteados
    b. Regular planteados
    c. Mal planteados

11. Las exposiciones por parte del docente me parecieron:
    a. Buenas
    b. Regulares
    c. Malas

Continúa en página siguiente >>

<< Viene de página anterior

Marque la opción que más se adecúe a las características que prevalecieron a lo largo del curso

---

12. La actuación del profesor durante el curso evidenció:
    a. Un elevado conocimiento de la materia
    b. Un mediano conocimiento
    c. Un escaso conocimiento

---

13. El profesor supo controlar las conductas perturbadoras sucedidas a lo largo del curso de forma:
    a. Eficaz
    b. Regular
    c. Ineficaz

---

14. El ritmo que siguió el profesor al exponer los contenidos me pareció:
    a. Muy bueno
    b. Satisfactorio
    c. Monótono

---

15. La secuencia de presentación de los contenidos del curso fue:
    a. Lógica
    b. Regular
    c. Arbitraria

---

16. La actuación del profesor despertó interés y motivación:
    a. Muchas veces
    b. Algunas veces
    c. Pocas veces
    d. Ninguna vez

Evaluación realizada por el propio formador

En esta evaluación, el formador va a evaluar la preparación del curso, el desarrollo del mismo, y también realizará una evaluación propia de su actuación como formador.

En la siguiente tabla se muestra un cuestionario a modo de ejemplo:

Marque la opción que más se adecúe a las características que prevalecieron a lo largo del curso

A. PREPARACIÓN DEL CURSO

1. ¿Cómo ha sido el tiempo con el que ha contado?
   a. Suficiente
   b. Insuficiente

¿Por qué? _____

2. ¿Cómo considera la distribución de las sesiones del curso?
   a. Adecuadas
   b. Inadecuadas

¿Por qué? _____

3. ¿Ha dispuesto de las guías didácticas del curso?
   a. Sí
   b. No

¿Por qué? _____

4. ¿Ha dispuesto de los recursos necesarios para la preparación de sus sesiones?
   a. Sí
   b. No

¿Cuáles le han hecho falta? _____

5. Teniendo en cuenta su nivel de formación, ¿ha necesitado apoyo por parte de la dirección del curso?
   a. Sí
   b. No

¿Cómo ha sido el apoyo? _____

B. DESARROLLO DEL CURSO

6. ¿El desarrollo de las sesiones (distribución y tiempo) se ha correspondido con la planificación prevista?
   a. Sí
   b. No

7. ¿La metodología utilizada para el desarrollo de las sesiones ha propiciado la participación e implicación del alumnado?
   a. Sí
   b. No

¿Por qué? _____

Continúa en página siguiente >>

<< Viene de página anterior

Marque la opción que más se adecúe a las características que prevalecieron a lo largo de curso

---

8. ¿Considera que el clima del curso ha sido el adecuado?
   a. Sí
   b. No

¿Por qué? _____

9. ¿El contexto donde se ha desarrollado el curso ha sido adecuado y oportuno?
   a. Sí
   b. No

¿Por qué? _____

10. ¿Ha conseguido los objetivos propuestos?
    a. Sí
    b. No

¿Por qué? _____

C. AUTOEVALUACIÓN

---

11. Evalúe de 1 a 4 los siguientes apartados relacionados con su intervención como formador, donde:

   1. Considero imprescindible mejorar mi formación en este aspecto.
   2. Considero necesario mejorar mi formación en este aspecto.
   3. Cuento con recursos necesarios para el desarrollo ajustado del curso, pero podría encontrar dificultades si éste cambia el rumbo prefijado.
   4. Mi formación al respecto es adecuada y dispongo de recursos suficientes para el desarrollo óptimo del curso.

	1	2	3	4
Dominio de los contenidos				
Metodología/didáctica empleada				
Comunicación con el alumnado				
Trabajo en equipo				

D. AMPLIACIÓN

Puede anotar a continuación cualquier aportación que desee realizar y no haya sido considerada en este cuestionario.

_____

_____

11.6. Tipos de evaluación

Existen diferentes tipos de evaluación, cada una se aplicará atendiendo a diferentes criterios.

Según su finalidad o función de la evaluación

Diagnóstica

Esta evaluación, como su nombre indica, tiene un carácter diagnóstico, ya que permite que se conozcan las potencialidades del alumno. De esta manera, la actividad didáctica se dirige de forma más efectiva.

Formativa

Se utiliza como estrategia para mejorar y ajustar los procesos formativos en el momento que se están llevando a cabo, para alcanzar las metas y los objetivos marcados. La evaluación formativa es aplicable a la evaluación de procesos.

Sumativa

Se aplica a la evaluación de productos terminados, es decir, se sitúa concretamente cuando finaliza un proceso, cuando éste se considera acabado. Su propósito es determinar el grado en que se han conseguido los objetivos establecidos, para evaluar de forma positiva o negativa el resultado. Esta evaluación permite tomar medidas tanto a medio como a largo plazo.

Según el momento de aplicación de la evaluación

Inicial

Se produce al principio del proceso de enseñanza-aprendizaje. La función que tiene la evaluación inicial es identificar el nivel de conocimientos que tienen los alumnos que inician un curso y, de esta manera, comprobar si los alumnos cuentan con los conocimientos necesarios para comenzarlo, y determinar si es posible impartirlo de acuerdo al programa formativo o si se requiere alguna modificación.

Procesual

La evaluación procesual se basa en valorar, de forma continua, el aprendizaje de los alumnos y la enseñanza del profesor, a través de la recogida sistemática de datos, toma de decisiones, etc.

La evaluación procesual es totalmente formativa, ya que, al favorecer la recogida continua de datos, permite tomar decisiones en el mismo momento que se considere necesario.

Los resultados que se obtienen forman la base permanente para el formador a la hora de programar las actividades diarias, así como para establecer las actividades y los procedimientos más apropiados. De esta manera, se evitan las dificultades que se puedan producir en los aprendizajes que se están llevando a cabo. La finalidad de todo esto es evitar errores y vacíos en los aprendizajes posteriores.

Final

La evaluación final es aquella que se realiza al finalizar la formación, por lo tanto ésta recoge y valora los resultados obtenidos a lo largo de un periodo formativo.

Según su extensión

Global

Tiene en cuenta todos los elementos y procesos que guardan relación con todo lo que es objeto de evaluación. Por ejemplo, si se trata de evaluar el proceso de aprendizaje de los alumnos, esta evaluación se centra en todas las áreas en general, pero sobre todo en los diversos tipos de contenidos de enseñanza (conceptos, procedimientos, valores, normas, etc.).

Parcial

Esta evaluación no se realiza de manera global, sino que se lleva a cabo por partes, es decir, evalúa los componentes que más interesan.

Según los agentes que realizan la evaluación

Autoevaluación o evaluación interna

Es el proceso sistemático mediante el cual una persona o grupo examina y valora sus procedimientos, comportamientos y resultados, para identificar qué quiere corregir o modificar en él. La evaluación interna muestra que los alumnos están más motivados a la hora de realizar una tarea difícil. La puesta en práctica de la autoevaluación no conlleva que el profesorado abandone sus funciones, sino que implica una concepción diferente de la enseñanza.

La autoevaluación ofrece al estudiante ayuda para descubrir sus necesidades, cantidad y calidad de su aprendizaje, causas de sus problemas, dificultades y éxitos en el estudio. De esta manera, el alumno puede conocerse de manera más concreta.

Heteroevaluación o evaluación externa

La evaluación externa es realizada o llevada a cabo por otra persona que no es el protagonista del aprendizaje. En esta evaluación, lo más frecuente es que el profesor evalúe al alumno.

TIPOS DE EVALUACIÓN	
Según su finalidad o función	- Diagnóstica - Formativa - Sumativa

Continúa en página siguiente >>

<< Viene de página anterior

TIPOS DE EVALUACIÓN

Según su momento de aplicación	- Inicial - Procesual - Final
Según su extensión	- Global - Parcial
Según los agentes que la realizan	- Autoevaluación o evaluación interna - Heteroevaluación o evaluación externa

Bloque 2
Solucionarios de ejercicios de repaso y autoevaluación

Contenido

1. Electrotécnia
2. Replanteo y funcionamiento de las instalaciones solares fotovoltaicas
3. Prevención de riesgos profesionales y seguridad en el montaje de instalaciones solares
4. Montaje mecánico en instalaciones solares fotovoltaicas
5. Montaje eléctrico y electrónico en instalaciones solares fotovoltaicas
6. Mantenimiento de instalaciones solares fotovoltaicas

Solucionario 1
Electrotecnia

Solucionario Bloque 1 Capítulo 1

1. **Cuando un cuerpo está cargado positivamente significa...**

    a. ... que ha ganado protones y electrones.
    b. **... que ha perdido electrones.**
    c. ... que ha perdido protones y ha ganado electrones.
    d. ... que ha ganado protones y ha perdido electrones.

2. **Complete la frase:**

    Los neutrones son partículas sin _____ alojadas en el _____ del átomo.

3. **La luz de una linterna está producida por...**

    a. ... corriente alterna.
    b. **... corriente continua.**
    c. ... baterías de corriente alterna.
    d. Las opciones a y c son correctas.

4. **Si una señal de corriente alterna posee una frecuencia de 50 Hz, eso significa...**

    a. ... que, como máximo, su intensidad será de 50 A.
    b. ... que la señal puede oscilar 50 veces por minuto.
    c. ... que el 50 % de la energía aportada se transforma en calor.
    d. **... que su magnitud y sentido oscila unas 50 veces al segundo.**

5. **Señale si las siguientes oraciones son verdaderas o falsas.**

    a. La intensidad es una magnitud eléctrica que indica la cantidad de átomos por unidad de tiempo que fluyen por un conductor.

    ☐ Verdadero
    ☑ **Falso**

    b. Un FP de 0,9 indica que se aprovecha un 90 % de la energía suministrada.

    ☑ **Verdadero**
    ☐ Falso

c. La fuerza con la que se repelen dos cargas positivas depende, entre otras cosas, de la distancia a la que se encuentren.

☑ **Verdadero**
☐ Falso

Solucionario Bloque 1 Capítulo 2

1. Una bobina es un elemento que...

   a. ... es capaz de producir corriente eléctrica.
   b. ... es capaz de almacenar energía.
   c. ... se utiliza en circuitos de corriente continua.
   d. ... no deja pasar la corriente eléctrica.

2. Complete la frase:

   El electromagnetismo es una rama de la **física** que unifica los fenómenos **eléctricos** y magnéticos.

3. Michael Faraday descubrió...

   a. ... que las líneas del campo magnético son cerradas.
   b. ... que la tierra, en realidad se comporta como un inmenso imán.
   c. ... la posibilidad de generar corriente eléctrica en un conductor por variación del flujo magnético.
   d. ... un teorema que permitiría calcular el valor de la intensidad del campo magnético en zonas concretas de un circuito cerrado.

4. Si se rompiese un imán justo por la zona que separa los dos polos se obtendrían...

   a. ... dos imanes independientes.
   b. ... dos materiales incapaces de generar campo magnético alguno.
   c. ... dos polos (N y S) independientes.
   d. ... dos metales cargados eléctricamente.

5. Calcule el flujo magnético en una superficie de 0,5 m² sobre la que actúa un campo magnético de intensidad 10 T .

   $\Phi = B / S$
   $\Phi = 10 / 0,5$
   $\Phi = 20 \, Wb$

Solucionario Bloque 1 Capítulo 3

1. **Una corriente trifásica es:**

   a. Una señal continua senoidal.
   b. Un tipo de corriente eléctrica usada en circuitos de pequeña escala.
   c. **Un conjunto de tres señales alternas desfasadas.**
   d. Un conjunto de tres señales alternas sin desfase.

2. **La magnitud X_L representa...**

   a. ... la intensidad que circula en un conductor.
   b. ... la resistencia equivalente de varias resistencias conectadas en paralelo.
   c. **... la impedancia de una bobina.**
   d. ... la resistencia equivalente de varias resistencias conectadas en serie.

3. **Complete la siguiente frase:**

   La caída de tensión en una resistencia es mayor cuanto más elevadas sean, tanto la intensidad que circula por ella como el valor **resistivo** que presente.

4. **Relacione los siguientes elementos:**

   a. Ley de Joule
   b. Ley de Ohm
   c. Leyes de Kirchhoff

   a. Potencia disipada
   c. Intensidades entrantes y salientes en nudos
   b. Relación tensión, intensidad, resistencia
   c. Tensiones en mallas

5. Calcule la caída de tensión, la intensidad, y la energía de cada resistencia en el circuito de la figura:

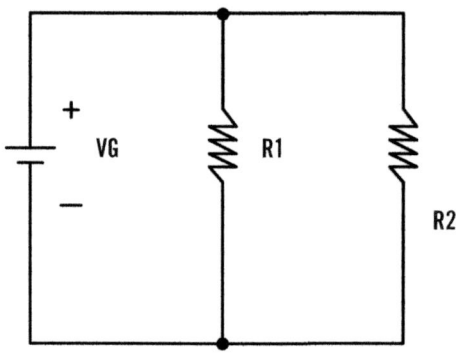

Donde:

$$V_G = 10\,V;\ R_1 = 5\,\Omega;\ R_2 = 8\,\Omega$$

Notas:

- Las resistencias están colocada en paralelo.
- La intensidad que circula por todo el circuito no es la misma (existen 2 nudos).
- Se pueden identificar dos mallas: la primera, formada por V_G y R_1, y la segunda, formada por V_G y R_2, por lo que la tensión de la pila (V_G) es igual a la tensión de las dos resistencias.

  a. En el circuito se pueden identificar hasta 2 mallas (A y B) y dos nudos (Y y Z):

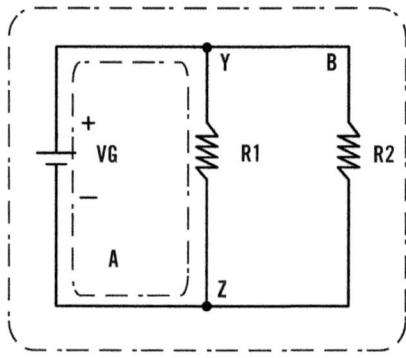

Para la malla A se verifica que (2º Ley de Kirchhoff):

$$V_G = V_{R1};$$
$$10 = V_{R1};$$

Para la malla B (2º Ley de Kirchhoff):

$$V_G = V_{R2};$$
$$10 = V_{R2};$$

Ya se han calculado las caídas de tensión de las 2 resistencias:

$$V_{R1} = 10 \text{ V y } V_{R2} = 10 \text{ V}$$

b. Teniendo los valores de tensión y los valores resistivos, se puede calcular la intensidad que pasa por cada resistencia (Ley de Ohm):

$$I_{R1} = V_{R1} / R_1; \quad I_{R1} = 10 / 5; \quad I_{R1} = 2 \text{ A};$$
$$I_{R2} = V_{R2} / R_2; \quad I_{R2} = 10 / 8; \quad I_{R2} = 1{,}25 \text{ A};$$

c. Para la energía (Ley de Joule):

$$E_{R1} = V_{R1} \cdot I_{R1}; \quad E_{R1} = 10 \cdot 2; \quad E_{R1} = 20 \text{ J}$$
$$E_{R2} = V_{R2} \cdot I_{R2}; \quad E_{R2} = 10 \cdot 1{.}25; \quad E_{R1} = 12{,}5 \text{ J}$$

Solucionario Bloque 1 Capítulo 4

1. Complete la frase:

La energía eléctrica se distribuye a los consumidores a través de la denominadas **redes eléctricas** de transporte y suelen abracar distancias superiores a los 300 km.

2. Es necesario elevar la energía eléctrica generada en una central para...

    a. ... llegar más rápido a los consumidores.
    b. ... reducir pérdidas por efecto Joule.
    c. ... disminuir la sección de los conductores de las líneas de transmisión.
    d. Las opciones b y c son correctas.

3. Señale si las siguientes oraciones son verdaderas o falsas.

    a. Protección contra sobrecargas $\longrightarrow$ Dispositivos de accionamiento lentos

        ☑ **Verdadero**
        ☐ Falso

    b. Dispositivos de accionamiento rápidos $\longrightarrow$ Protección contra cortocircuitos

        ☑ **Verdadero**
        ☐ Falso

4. En una instalación en baja tensión, el dispositivo que origina la apertura del circuito cuando existe un desequilibrio de intensidades se denomina...

    a. ... diferencial.
    b. ... magnetotérmico.
    c. ... fusible.
    d. ... contactor.

5. Los esquemas eléctricos que muestran zonas aisladas del circuito general se denominan...

    a. ... **parciales.**
    b. ... unifilares.
    c. ... multifilares.
    d. ... funcionales.

Solucionario Bloque 1 Capítulo 5

1. **La finalidad de un centro de transformación es:**

   a. Generar energía eléctrica.
   b. Realizar la conversión de energía de media a alta tensión.
   c. La protección de estaciones generadoras de electricidad.
   d. Realizar la conversión de media a baja tensión.

2. **Complete la frase:**

   La disposición de un centro de transformación más habitual es en forma de instalaciones en edificios **prefabricados.**

3. **Las celdas de media tensión que albergan transformadores de tensión e intensidad se denominan...**

   a. ... de línea.
   b. ... de seccionamiento pasante.
   c. ... de protección general.
   d. ... de medida.

4. **Complete la siguiente frase:**

   El elemento fundamental en todo centro de transformación es el **transformador (o transformador de potencia).**

5. **Relacione el elemento con un concepto:**

   a. Sección del hilo interno por calentamiento
   b. Cableado
   c. Accionamiento por ruptura de otro elemento
   d. Protección contra inclemencias atmosféricas

   b. Barras de distribución
   a. Fusible
   d. Autoválvula
   c. Interruptor rupto-fusible

Solucionario Bloque 1 Capítulo 6

1. **La diferencia fundamental entre las pilas y los acumuladores es:**

   a. La capacidad.
   b. La resistencia interna.
   c. La capacidad de recarga.
   d. El tamaño.

2. **Complete la frase:**

   El **electrolito** es una solución de sales en agua que permite que la corriente eléctrica pase a través de él.

3. **La utilización de acumuladores se da fundamentalmente en...**

   a. ... el ámbito industrial.
   b. ... el ámbito doméstico.
   c. ... aplicaciones que requieran una corriente alterna monofásica.
   d. ... aplicaciones que requieran una corriente alterna trifásica.

4. **Calcule el tiempo de descarga de un acumulador cuya intensidad de descarga es de 10 A y su capacidad 100 Ah.**

   A partir de $Q = I \cdot t$ se deduce que $t = Q / I$ por lo que: $t = 100 / 10$; $t = 10$ horas

5. **Relacione los conceptos con el tipo correspondiente:**

   a. Pila
   b. Acumulador

   a. Utilizadas en dispositivos pequeños
   b. Mayor capacidad
   b. Autodescarga considerable
   b. Suelen agruparse en baterías
   a. Reacción química interna irreversible

Solucionario Bloque 1 Capítulo 7

1. Complete la siguiente frase:

La resistencia eléctrica puede medirse a partir de la tensión entre los terminales y la intensidad que circule por el resistor. Este tipo de medida es una medición **indirecta**.

2. El mecanismo electromagnético de hierro móvil es:

    a. Un instrumento de medida.
    b. Un principio físico o de funcionamiento de algunos aparatos de medida.
    c. Una magnitud de medida eléctrica.
    d. Todas las opciones son incorrectas.

3. Los instrumentos que se suelen utilizar para medir resistencias no muy elevadas son:

    a. El galvanómetro y el amperímetro.
    b. El vatímetro y el frecuencímetro.
    c. El amperímetro y el voltímetro.
    d. El óhmetro y el voltímetro.

4. Si al tomar una medida no se anota correctamente el resultado, se está cometiendo un error...

    a. ... de método.
    b. ... accidental.
    c. ... personal.
    d. ... relativo.

5. Al medir dos resistencias, cuyos valores reales son: $R_1 = 6\ \Omega$ y $R_2 = 10\ \Omega$, se obtienen respectivamente los valores: 6.056 Ω y 9.981 Ω. Calcule el error absoluto cometido en ambas mediciones. ¿Qué medida es la más fiable?

Cálculo del error absoluto

Para la medida de R_1:

$$V_R = 6\ \Omega$$
$$V_L = 6.056\ \Omega$$
$$E_A = I_{VR} - V_{Li};$$

$E_A = |6 - 6.056|;$
$E_A = |- 0.056|;$
$E_A = 0.056;$

Para la medida de R_2:

$V_R = 10\ \Omega$
$V_L = 9.081\Omega$
$E_A = |_{VR} - V_{LI};$
$E_A = |10 - 9.981|;$
$E_A = |0.19|;$
$E_A = 0.019;$

La más fiable es la mediada de R_2 (menor error).

Solucionario Bloque 1 Capítulo 8

1. **Complete la frase:**

Además del fusible y el diferencial, otro mecanismo fundamental (según el REBT) para la protección de una instalación eléctrica es el **magnetotérmico**.

2. **Señale, de las siguientes oraciones, cuál es verdadera o falsa.**

    a. Contacto directo $\longrightarrow$ Contacto con una parte activa.

        ☑ **Verdadero**
        ☐ Falso

    b. Contacto indirecto $\longrightarrow$ Contacto con un aislante.

        ☐ Verdadero
        ☑ **Falso**

3. **Cuando desaparece la impedancia en un circuito cerrado, anulándose la presencia de los receptores, se dice que se ha producido un...**

    a. ... cortocircuito.
    b. ... incremento brusco de tensión.
    c. ... contacto indirecto.
    d. ... contacto directo.

4. **La diferencia fundamental entre las medidas de protección de clase A y clase B es:**

    a. La disposición en el último caso de un dispositivo de corte automático.
    b. La puesta a masa de los elementos activos.
    c. El doble aislamiento en el primer caso de los contactos eléctricos.
    d. Todas las opciones son incorrectas.

5. **Complete la frase:**

La limitación de corrientes a valores no peligrosos, que se consigue mediante la utilización de pequeñas **tensiones** de seguridad, es una medida de protección de Clase **A**.

Solucionario Bloque 1 Capítulo 9

1. **La gravedad de una lesión eléctrica va a depender...**

   a. ... de la intensidad, la tensión y el tiempo de contacto.
   b. **... de la intensidad, la zona corporal de circulación y el tiempo de contacto.**
   c. ... de la habilidad del operario, la zona de contacto y la intensidad recorrida.
   d. ... de los órganos vitales afectados por el paso de la corriente.

2. **Complete la siguiente oración:**

   La parálisis de los músculos cuando se produce un accidente eléctrico se denomina **tetanización** muscular.

3. **Señale si la siguiente oración es verdadera o falsa.**

   Es más peligroso el contacto con una corriente de 50 mA durante medio segundo (500 ms) que sufrir, durante un cuarto de segundo (250 ms), una descarga de 200 mA.

   ☐ Verdadero
   ☑ **Falso**

4. **Complete la siguiente oración:**

   Se podrá afirmar que el trabajo a realizar se va a hacer sin peligro cuando, entre otras cosas, se abran todas las **fuentes** de **tensión**. Esto es una de las denominadas **cinco** reglas de **oro.**

5. **Una medida para minimizar la presencia de electricidad estática es el uso de...**

   a. ... guantes aislantes.
   b. **... botas conductoras.**
   c. ... botas aislantes.
   d. Las opciones a y c son correctas.

Solucionario Bloque 1 Capítulo 10

1. De las partes fundamentales en las que se estructura el REBT, la primera es:

   a. **Los artículos.**
   b. Las normas UNE.
   c. Las ITC.
   d. La ITC-BT-14.

2. Determine si la siguiente oración es verdadera o falsa.

   a. El REBT que se encuentra actualmente en vigor se aprobó en el año 1973.

      ☐ Verdadero
      ☑ **Falso**

3. ¿En qué ITC se describen los tipos, características, emplazamiento e instalación de la Línea General de Alimentación de una instalación de enlace de un edificio?

   En la ITC-BT-14.

4. La reglamentación a cumplir en un proyecto de una instalación de alta tensión se encuentra...

   a. ... en el Reglamento Electrotécnico de Media Tensión.
   b. ... en el Reglamento Electrotécnico de Baja tensión (REBT).
   c. **... en el Reglamento de líneas de alta tensión y en el Reglamento sobre condiciones técnicas y garantías de seguridad en instalaciones eléctricas de alta tensión.**
   d. ... en las ITC del REBT.

5. Complete la siguiente oración.

   En la realización de proyectos de instalaciones eléctricas de alta tensión hay que tener en cuenta tanto el **RAT** como el **RLAT.**

Solucionario Bloque 2 Capítulo 1

1. **La diferencia entre una dinamo y un altenador es:**

   a. **La dinamo genera CC y el alternador CA.**
   b. La dinamo genera CA y el alternador CC.
   c. La dinamo es un generador y el alternador es un motor.
   d. La dinamo es un motor y el alternador es un generador.

2. **Complete la frase:**

   Las dinamos de **excitación** electromagnética son más usadas que las de **imanes permanentes** debido a que las primeras permiten un mejor control del flujo inducido.

3. **La máquina asíncrona o de inducción trabaja principalmente como...**

   a. **... motor.**
   b. ... generador.
   c. ... aerogenerador.
   d. ... transformador.

4. **¿A qué frecuencia deberá girar un alternador síncrono con cuatro pares de polos para producir una frecuencia de 50 Hz?**

   De la expresión $f = p \cdot (n / 60)$ se deduce que $n = (60 \cdot f) / p$, siendo $f = 50$ y $p = 4$, por lo que:

   $$n = (60 \cdot 50) / 4; \; n = 3000 / 4; \; n = 750 \text{ r.p.m.}$$

5. **Relacione:**

   a. Dinamo
   b. Generador síncrono
   c. Generador asíncrono
   d. Motor

   a. Generador de CC
   c. Muy utilizado en la generación de energía eólica

d. $n_1 > n$
c. $n_1 < n$
b y c. Generador de CA

Datos:

- n_1: *Velocidad de sincronismo*
- n: *Velocidad del rotor*

Solucionario Bloque 2 Capítulo 2

1. **Los transformadores se utilizan para...**

   a. **... cambiar la tensión y corriente en líneas de CA.**
   b. ... cambiar la tensión y corriente en líneas de CC.
   c. ... cambiar la potencia de las líneas de CA.
   d. ... cambiar la potencia de las líneas de CC.

2. **Complete la frase:**

   La transferencia de energía entre el **primario** y el secundario de un transformador se consigue a través de un núcleo de hierro, común, que hace de contacto entre ambos **devanados**.

3. **Los transformadores se utilizan principalmente en el ámbito de...**

   a. ... transformadores de medida.
   b. **... transporte y distribución de energía.**
   c. ... aplicaciones de CC.
   d. ... transformadores de tensión.

4. **Calcule la relación de transferencia o transformación y la tensión en el secundario de un transformador ideal con 5000 espiras en el primario y 500 en el secundario. El transformador está conectado a una red de CA de 200 V y 50 Hz de frecuencia.**

   1º. Cálculo de la relación de transferencia.

   Se tiene que $N_1 = 5000$ y $N_2 = 500$, por lo que:
   $m = (N_1 / N_2); m = (5000/500); m = 10$

   2º. Cálculo de la tensión en el secundario.

   $V_2 = (V_1 / m); V_2 = (200 / 10); V_2 = 20 \text{ V}$

5. **Una conceptos relacionados:**

      a. Chapa apilada
      b. Cobre y aluminio
      c. Aceite de piraleno
      d. Recubrimiento esmaltado

      a. Núcleo del transformador
      d. Aislante
      c. Refrigerante
      b. Conductor

Solucionario Bloque 2 Capítulo 3

1. El elemento que hace girar al motor siempre en un mismo sentido, controlando el sentido de corriente en la espira, se denomina:

    a. Escobillas
    b. Portaescobillas
    c. Colector
    d. Polos

2. La fuerza que se opone al giro del motor que hace que el rotor se comporte como un generador se denomina fuerza contraelectromotriz.

3. El par de rotación de los conductores de un rotor es de 50 Nm y la fuerza que experimenta con el giro es de 500 N. Averigüe el radio del rotor.

De la expresión $C = F \cdot r$ se deduce que:

$r = C / F$ por lo que, a partir de los datos $C = 50$ Nm y $F = 500$ N se calcula el radio del rotor:

$r = C / F$; $r = 50 / 500$; $r = 0,1$ m (10 cm)

4. Relacione conceptos relacionados con los motores de corriente continua:

    a. Rotor
    b. Estator

    b. Imán permanente
    b. Inductor
    a. Inducido
    b. Colector
    b. Escobillas

5. El elemento que solía utilizarse para regular la velocidad de un motor de corriente continua (antes de la aparición de los controladores de velocidad) se denomina:

   a. Reostato
   b. Potenciómetro
   c. Colector
   d. Transformador

Solucionario Bloque 3 Capítulo 1

1. **Complete la frase:**

   Las resistencias son elementos **pasivos,** ya que consumen **energía** en un circuito.

2. **El material que separa las dos láminas de un condensador se denomina:**

   a. **Dieléctrico**
   b. Ferromagnético
   c. Semiconductor
   d. Electromagnético

3. **Relacione cada elemento con una función:**

   a. Protección contra tensiones inversas
   b. Emisión de radiación luminosa
   c. Encapsulado de microcircuitería
   d. Realimentación negativa
   e. Almacenamiento de energía en forma de campo magnético
   f. Almacenamiento de energía en forma de campo eléctrico

   e. Bobina
   b. Diodo LED
   c. Circuito integrado
   f. Condensador
   a. Diodo
   d. Amplificador operacional

4. **Son dispositivos semiconductores de potencia contolados por tensión...**

   a. **... los transistores IGBT y tiristores GTO.**
   b. ... cualquier transistor.
   c. ... cualquier tiristor.
   d. ... los diodos rectificadores.

5. Complete la frase:

Un tiristor es un dispositivo semiconductor de potencia controlado por **puerta**, que en polarización **directa** no conduce hasta que se supere una tensión de ruptura, la cual **disminuye** con el aumento de una **corriente** inyectada por puerta.

6. El germanio es un material semiconductor que tiene en su capa de valencia...

        a. ... 8 electrones.
        b. ... 4 protones.
        c. ... 4 electrones.
        d. ... 4 protones y 4 electrones.

Solucionario Bloque 3 Capítulo 2

1. **La ganancia de un amplificador es:**

   a. Una relación entre las fases de salida.
   b. **Una relación entre el valor de la señal de salida respecto a la de entrada en una etapa amplificadora.**
   c. La potencia máxima que puede disipar las resistencias del circuito amplificador.
   d. La relación entre la tensión e intensidad de la carga de un circuito amplificador.

2. **Complete la frase:**

   El amplificador en emisor común (EC) presentan una impedancia de **entrada** muy elevada, por lo que son ideales para ser usados junto a generadores con una impedancia característica considerable. Esto es lo que se denomina como **adaptación** de impedancias.

3. **El encapsulado de puertas lógicas en circuitos integrados se denomina...**

   a. ... electrónica analógica.
   b. ... puente de Wien.
   c. ... circuitos impresos.
   d. **... tecnología TTL.**

4. **Relacione una característica con el dispositivo digital correspondiente:**

   a. Multiplexor
   b. Demultiplexor
   c. Codificador
   d. Decodificador
   e. Semisumador
   f. Sumador completo

   a. Selección entre varias entradas hacia una salida a partir de señales de control.
   f. Señales de acarreo en entrada y salida
   d. Selección de una salida dependiendo de un código de entrada
   c. Generación de un código de salida dependiendo de la entrada activa
   b. Selección de una entrada hacia varias salidas a partir de señales de control
   e. Señal de acarreo únicamente en salida

5. **Elabore la tabla de verdad del siguiente circuito digital:**

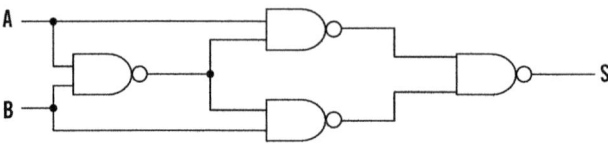

Solución:

A	B	S
0	0	0
0	1	1
1	0	1
1	1	0

Solucionario Bloque 3 Capítulo 3

1. **La diferencia fundamental entre un convertidor rectificador y uno inversor es:**

   a. La polaridad de la tensión que convierten: positiva, negativa, etc.
   b. **El tipo de conversión que realizan: alterna a continua, etc.**
   c. La energía que disipan al hacer la conversión.
   d. Todas las opciones son incorrectas.

2. **Complete la frase:**

   La modulación PWM es una **técnica** que se basa, fundamentalmente en la **comparación** de dos señales: una portadora y otra moduladora.

3. **Una conceptos relacionados:**

   a. Tiristor
   b. Diodo volante
   c. Índice de modulación
   d. Ángulo de disparo
   e. Condensador en paralelo con la carga

   <u>d.</u> Instante de inyección por puerta
   <u>a.</u> Conversión controlada
   <u>c.</u> Magnitud PWM
   <u>b.</u> Supresión de tensiones negativas en la carga
   <u>e.</u> Filtrado

4. El circuito de la figura es:

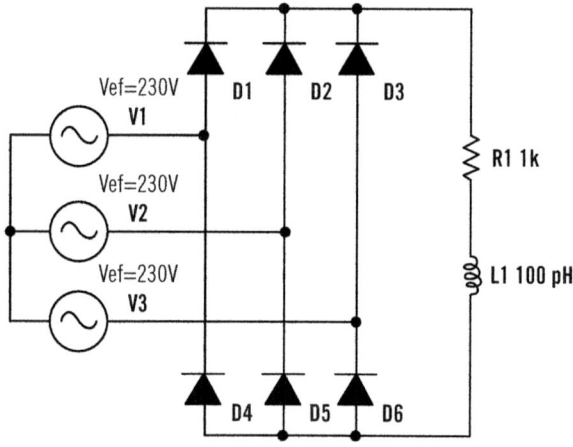

a. Rectificador monofásico controlado.
b. Rectificador trifásico controlado.
c. Rectificador monofásico no controlado.
d. Rectificador trifásico no controlado.

5. Señale si la siguiente oración es verdadera o falsa.

a. En los rectificadores no controlados de doble onda con carga resistiva, los ciclos negativos de la señal de entrada pasan a ser positivos a la salida.

☑ **Verdadero**
☐ Falso

Solucionario 2
Replanteo y funcionamiento de las instalaciones solares fotovoltaicas

Solucionario Capítulo 1

1. ¿Qué son las energías renovables?

    a. Las obtenidas en un laboratorio.
    b. Las que se extraen de la corteza terrestre.
    c. Las que utilizan una fuente energética virtualmente inagotable.
    d. Las que utilizan fuentes energéticas como el carbón o el petróleo (combustibles fósiles).

2. Relacione lo que corresponda:

    a. Renovable
    b. No renovable

    a. Energía solar térmica
    a. Energía solar fotovoltaica
    b. Petróleo
    a. Eólica
    a. Biomasa

3. La energía solar fotovoltaica consiste en:

    a. Producción de electricidad a partir del calentamiento de un fluido.
    b. Producción de electricidad a partir de materiales semiconductores, localizados en células.
    c. Utilización de la radiación solar para la combustión de materiales fósiles.
    d. Todas las opciones son incorrectas.

4. Determine si las siguientes oraciones son verdaderas o falsa.

    a. Por lo general, la inclinación óptima de un captador solar en primavera es de 10° mayor que la latitud.

        ☐ Verdadero
        ☑ **Falso**

b. El conocimiento de la normativa urbanística de la zona es importante a la hora de instalar un panel solar.

☑ **Verdadero**
☐ Falso

5. **Los lugares donde se realizan mediciones y observaciones puntuales, utilizando los instrumentos adecuados de los distintos parámetros meteorológicos, son:**

a. **Estaciones meteorológicas.**
b. Estaciones solares.
c. Estaciones pluviométricas.
d. Todas las opciones son correctas.

6. **Determine si las siguientes oraciones son verdaderas o falsa.**

a. Estaciones pluviométricas: son las estaciones meteorológicas que tienen un aerogenerador que mide la cantidad de viento entre dos mediciones consecutivas.

☐ Verdadero
☑ **Falso**

b. Estaciones climatológicas ordinarias: estas estaciones meteorológicas deben ser capaces de medir las precipitaciones y la temperatura de manera instantánea.

☑ **Verdadero**
☐ Falso

7. **La misión del regulador de las instalaciones fotovoltaicas es:**

a. **Controlar la carga y descarga de la batería.**
b. Transformar la CC en CA.
c. Transformar la CA en CC.
d. Almacenar energía en periodos de consumo nulo.

8. Complete la siguiente oración.

Los sistemas fotovoltaicos **conectados a red** entregan toda la energía que generan a la red de **distribución**. Estas instalaciones no suelen disponer de baterías ni **distribución.** pero sí de **inversores,** que transforman la CC generada en **CA.**

9. Relacione los siguientes conceptos:

    a. Grupo electrógeno
    b. Transformación energía del viento en electricidad
    c. Sistema de protección
    d. Carece de baterías

    a. Motor de combustión
    b. Aerogenerador
    d. Sistema directo
    c. Magnetotérmico

10. Un campo fotovoltaico produce:

    a. Corriente continua.
    b. Corriente alterna.
    c. Radiación luminosa.
    d. Vapor.

Solucionario Capítulo 2

1. Complete la siguiente frase:

Al conectar varias células fotovoltaicas en **serie,** la tensión de **salida** del módulo corresponderá a la suma de las **tensiones** que puede proporcionar cada célula.

2. El fenómeno que se produce cuando la radiación solar incide sobre la unión PN del material semiconductor, se rompen los enlaces y el campo eléctrico orienta las cargas del electrón y el hueco (estableciéndose la diferencia de potencia a partir de la cual circula corriente por la carga), se denomina...

    a. ... radiación solar.
    b. ... autorregeneración.
    c. ... unión PN.
    d. ... efecto fotovoltaico.

3. Comente la principal diferencia que existe entre las estructuras solares fijas y ajustables.

Las estructuras solares fijas son inamovibles, mientras que las ajustables pueden ser movidas manualmente.

4. Relacione los siguientes conceptos:

    a. Galvanizado
    b. Separación filas de módulos
    c. No traspasar cubiertas
    d. Estructuras de aluminio
    e. Aplomo de elementos verticales

    a. Evitar corrosión
    d. Pequeñas instalaciones
    b. Para colocación de cableado
    c. Para evitar infiltraciones de agua
    e. Correcta transmisión de esfuerzos

5. **En una instalación fotovoltaica, los acumuladores se deben situar...**

   a. ... en la intemperie, para una adecuada ventilación.
   b. ... debajo de los paneles fotovoltaicos, para aprovechar el calor que estos generan.
   c. ... dependiendo de la instalación.
   d. **... en locales o armarios cerrados, que mantengan una temperatura estable.**

6. **Determine si las siguientes oraciones son verdaderas o falsas.**

   a. Los reguladores *shunt* se utilizan en instalaciones de baja potencia.

      ☑ **Verdadero**
      ☐ Falso

   b. Los reguladores conmutados actúan desconectando la batería del generador mediante un interruptor conectado en serie con el panel.

      ☑ **Verdadero**
      ☐ Falso

7. **¿En qué tipo de aplicaciones se usan principalmente los convertidores CC/CC?**

   a. En aplicaciones de energía solar térmica.
   b. En aplicaciones de energía solar fotovoltaica.
   c. **En aplicaciones de tracción eléctrica.**
   d. En aplicaciones de baja potencia.

8. **La habilidad que tiene un sistema para no causar interferencias electromagnéticas a otros equipos y, a su vez, ser insensible a las emisiones que pueden causar otros sistemas, es:**

   a. Máxima eficiencia.
   b. **Compatibilidad electromagnética.**
   c. Protección contra sobretensiones.
   d. Protección contra sobrecargas.

9. **Determine si las siguientes oraciones son verdaderas o falsas.**

   a. Las secciones de los conductores en las instalaciones fotovoltaicas deberán elegirse de forma que las pérdidas por Efecto Joule se mantengan, por lo general, superiores al 5 % de la potencia instalada.

   ☐ Verdadero
   ☑ **Falso**

   b. En las instalaciones fotovoltaicas se deben utilizar protecciones térmicas y/o magnéticas contra sobreintensidades, que se instalan de modo que protejan a conductores y baterías.

   ☑ **Verdadero**
   ☐ Falso

10. **Complete la siguiente frase:**

   El **piranómetro** es un dispositivo para la medida de la radiación global y se deben montar en el **plano** de los **módulos,** a la altura del **perfil** superior del mismo.

Solucionario Capítulo 3

1. **Los espacios con agrupaciones de paneles solares (fijos o giratorios) se denominan...**

   a. ... colectores solares.
   b. **... campos o huertas solares.**
   c. ... módulos solares.
   d. Todas las opciones son incorrectas.

2. **Determine si las siguientes oraciones son verdaderas o falsas.**

   a. Los denominados *"parking solares"* están orientados a aprovechar al máximo posible los espacios dedicados a tapar el sol. El método consiste en la instalación de paneles solares en los laterales de los aparcamientos, para así conseguir mayores beneficios.

      ☐ Verdadero
      ☑ **Falso**

   b. Cuando un generador fotovoltaico se acopla a una batería, esta limita el punto de máxima potencia del generador.

      ☑ **Verdadero**
      ☐ Falso

   c. La energía real que la instalación es capaz de producir debe ser, en todos los meses, lo más parecida posible a la demanda energética.

      ☐ Verdadero
      ☑ **Falso**

3. **En el dimensionado de una instalación fotovoltaica aislada, ¿qué tipo de pérdidas han de considerarse?**

   a. Las de cableado, baterías, inversor y las pérdidas por reflexión del panel.
   b. Las de cableado, baterías y las pérdidas por acoplamiento del generador fotovoltaico con las baterías.

    c. Las de cableado, baterías e inversor, y las pérdidas por acoplamiento del generador fotovoltaico con las baterías.

    d. Las del inversor y las pérdidas por acoplamiento del generador fotovoltaico con las baterías.

4. Señale una posible solución en caso de que se desee asegurar la producción eléctrica en una instalación fotovoltaica.

El uso de generadores de apoyo (aerogeneradores y grupos electrógenos) es una buena opción para aumentar y garantizar la producción eléctrica.

5. Complete la siguiente tabla de consumos:

Equipo	Potencia unitaria (W)	Potencia Total (W)	Horas de funcionamiento diario (h)	Consumo diario (Wh)
Equipo A (3 unidades)	10 W	$3 \cdot 10 = 30$ W	3 h	$30 \cdot 3 = 90$ Wh
Equipo B (1 unidad)	20 W	20 W	1 h	20 Wh
Equipo C (2 unidades)	30 W	$30 \cdot 2 = 60$ W	3 h	$60 \cdot 3 = 180$ Wh
Equipo D (1 unidad)	60 W	360 W	2 h	$60 \cdot 2 = 120$ Wh
Equipo D (1 unidad)			410 Wh	

6. Defina el concepto "días de autonomía", en el ámbito fotovoltaico.

Se denominan "días de autonomía" los días en que el sistema puede continuar sus funciones (alimentar la carga), sin que exista generación de la fuente primaria (radiación en los paneles fotovoltaicos).

7. **Complete la siguiente oración.**

En general, el uso de más de dos baterías en **paralelo** se puede considerar peligroso. No obstante, no es así cuando estas mismas baterías se conectan en **serie**.

8. **El arranque de un grupo electrógeno, debe hacerse...**

    a. ... siempre que se ponga en funcionamiento la instalación solar.
    b. **... cuando la instalación solar no pueda suministrar energía.**
    c. ... cuando el aerogenerador deje de funcionar.
    d. ... en el momento en que exista el mínimo sombreado en el panel.

9. **Explique cómo se dimensiona un regulador.**

A la hora de dimensionar un regulador, el objetivo fundamental es obtener la máxima intensidad a circular por la instalación. Para ello, se deberá calcular la corriente que produce el generador y la corriente que consume la carga, y la máxima de ambas será la que deba soportar el regulador en funcionamiento.

10. **A la hora de calcular la potencia de un grupo electrógeno, ¿qué es lo primero que hay que hacer?**

    a. Comprobar que exista en ese momento radiación solar.
    b. Analizar las propiedades del combustible.
    c. **Conectar todas las cargas.**
    d. Adquirir una aplicación que permita realizar este tipo de cálculos.

Solucionario Capítulo 4

1. ¿Qué se puede representar en el croquis de una figura?

   a. Únicamente su contorno a mano alzada.
   b. Su contorno, utilizando los correspondientes instrumentos de dibujo.
   c. Los datos que definen a la pieza: vistas, acotaciones, materiales, etc.
   d. El alzado, planta o perfil de la pieza en cuestión (a mano alzada).

2. Relacione los siguientes elementos:

   a. Alzado
   b. Planta
   c. Perfil

   a. Vista frontal
   c. Vista lateral
   b. Vista superior

3. Complete la siguiente oración.

   La proyección **axonométrica** se utiliza fundamentalmente cuando se quiere obtener una idea tridimensional de un objeto sobre un **plano** de dibujo.

4. Indique el tipo de perspectiva axonométrica:

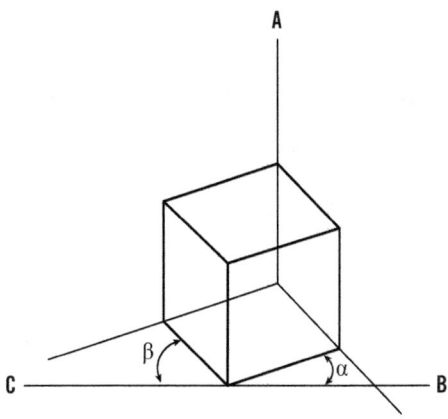

Axonométrico – Dimétrico o monodimétrico

5. **Determine si las siguientes oraciones son verdaderas o falsas:**

a. La simbología de todo interruptor, ya sea normalmente abierto o cerrado, es única.

☐ Verdadero
☑ **Falso**

b. La simbología de los dispositivos magnetotérmicos y diferenciales no coincide.

☑ **Verdadero**
☐ Falso

6. **Dibuje el símbolo correspondiente:**

	Bobina
	Tierra
	Resistencia (símbolo general)
	Interruptor bipolar
	Transformador de dos arrollamientos

7. **Explique la diferencia fundamental entre un esquema unifilar y su equivalente multifilar.**

La diferencia entre ambos es que en el multifilar se representan todas las líneas y en el unifilar solo se hace un trazo.

8. **Complete la siguiente oración.**

En ocasiones, los esquemas funcionales también se denominan esquemas de **bloques** o esquemas sinópticos. Esto se debe a que el diagrama suele estar constituido por distintos **bloques.**

9. **Elabore el diagrama funcional de una instalación fotovoltaica (sencilla) conectada a red.**

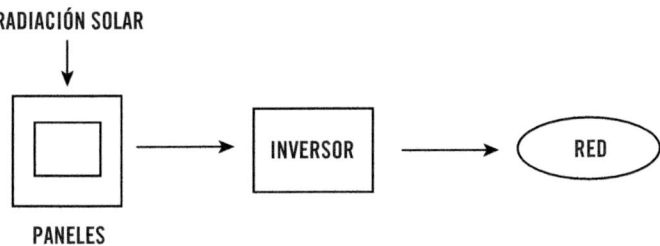

10. **Las líneas que se utilizan para indicar medidas en los planos, se denominan...**

    a. ... escalas.
    b. ... líneas normalizadas.
    c. ... contornos.
    d. ... líneas de cota.

Solucionario Capítulo 5

1. **¿Qué son los objetivos de un proyecto? ¿Es un contenido obligatorio en la realización de proyectos?**

   ▌ Los objetivos de un proyecto son los propósitos y límites que se desean alcanzar a través de acciones determinadas organizadas en el proyecto y dentro de un periodo también determinado.

   ▌ Sí, los objetivos son un contenido mínimo de todo proyecto.

2. **¿Cuál es el documento que constituye la columna vertebral del proyecto, siendo el apartado descriptivo y explicativo del mismo?**

   a. Memoria
   b. Planos
   c. Pliego de condiciones
   d. Presupuesto

3. **Observe el siguiente plano de conjunto, que consiste básicamente en un montaje de dos placas (2 y 3) soldadas a una placa base (1). ¿Cree que, al ser un plano de conjunto, es necesario indicar la cota señalada (35 cm)?**

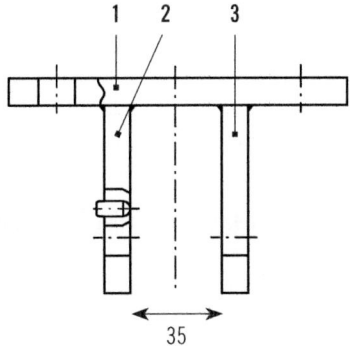

   En el conjunto de la figura es imprescindible dibujar la cota de 35, puesto que indica al soldador la separación a la que debe soldar los dos soportes sobre la placa base.

Se trata de una información fundamental para un adecuado montaje de la estructura, por lo que es una información necesaria.

4. Complete la siguiente oración.

En los planos de situación debe quedar constancia del **cercano** y lejano entorno con los accesos por carretera, los municipios próximos, las ciudades distantes más importantes, puertos, aeropuertos, fábricas y demás temas de posible interés a efectos de **proyecto** y de obra.

5. Complete la siguiente tabla, respecto a la simbología de los flujogramas.

Símbolo	Nombre
⬭	Inicio / Fin
▭	Actividad
◇	Decisión
⇄ ↑↓	Líneas de flujo o fluido de dirección
○	Conector

6. Indique si las siguientes oraciones son verdaderas o falsas.

a. Siempre debe tenerse muy en cuenta la normativa urbanística para el replanteo de una instalación.

☑ **Verdadero**
☐ Falso

b. A la hora de analizar los captadores solares, hay que tener en cuenta que suelen tener una forma de colocación y orientación bastante estricta.

☑ **Verdadero**
☐ Falso

c. Las instalaciones de energía solar térmica también pueden ser dimensionadas mediante soporte informático.

☑ **Verdadero**
☐ Falso

d. Estos programas no suelen efectuar representaciones gráficas como resultado, por lo que dicha interpretación ha de hacerse manualmente, a partir de los datos numéricos calculados.

☐ Verdadero
☑ **Falso**

e. Muchas veces los fabricantes de paneles suministran los elementos necesarios sueltos o en kits para la fijación.

☑ **Verdadero**
☐ Falso

7. ¿Qué es el CNC?

El Control Numérico por Computadora (CNC), en el que se basan los equipos CAM, consiste en un conjunto de códigos numéricos, almacenados en archivos informáticos, para controlar las tareas de fabricación.

8. ¿Cómo se denominan las líneas y curvas que conforman un sólido, dotándolo de dimensión espacial?

a. **Alámbricas**
b. Vectores
c. Perímetros
d. Longitudes

9. **Si desea realizar un plano de una habitación bastante cargada de mobiliario, ¿de qué opción sería interesante disponer para agilizar el diseño?**

La opción de Bloque suele disponer de muchos elementos (mobiliario, etc.) predefinidos, para insertarlos directamente en el proyecto sin necesidad de diseñarlos.

10. **Calcule la longitud que tendrá a 60 °C una varilla de hierro, cuya longitud a 10 °C es de 30 cm.**

$$L = L_0 \cdot (1 + \alpha \cdot \Delta T)$$

$$L = 0,3 \cdot (1 + 12 \cdot 10_{-6} \cdot (60 - 10))$$

$$L = 0,3 \cdot (1 + 12 \cdot 10_{-6} \cdot (50))$$

$$L = 0,3 \cdot (1 + 7,82 \cdot 10_{-4})$$

$$L = 0,3 \cdot (1,0006)$$

$$L = 0,30018 \text{ m}$$

Prevención de riesgos profesionales y seguridad en el montaje de instalaciones solares

Solucionario Capítulo 1

1. La fatiga se define como...

    a. ... la consecuencia de una carga de trabajo excesiva.
    b. ... el conjunto de requerimientos físicos a los que se ve sometida la persona a lo largo de su jornada laboral.
    c. ... la realización de una serie de esfuerzos.
    d. ... el consumo de energía producido como consecuencia del trabajo.

2. En una contracción muscular, si supera un tanto por ciento de la CVM, el flujo sanguíneo llega a anularse. ¿Cuál es ese tanto por ciento?

    a. 40 %
    b. 50 %
    c. 60 %
    d. 70 %

3. ¿Qué tipo de elevador está constituido por una plataforma que se desliza por una guía lateral rígida o por dos guías rígidas paralelas, en ambos casos, ancladas a la estructura de la construcción?

    a. Montacargas.
    b. Ascensores.
    c. Plataformas elevadoras.
    d. Grúas.

4. Una carretilla elevadora, bajo cuyo bastidor y brazos portantes se sitúa la carga, que el sistema de elevación mantiene y manipula para elevarla, desplazarla y apilarla, se denomina...

    a. ... voladizo.
    b. ... carretilla no contrapesada.
    c. ... carretilla pórtico elevadora apiladora.
    d. Todas las opciones son incorrectas.

5. **El componente principal de una carretilla elevadora es...**

    a. ... el bastidor.
    b. ... el contrapeso.
    c. ... el mástil de elevación o brazo telescópico.
    d. Todas las opciones son correctas.

6. **Complete el siguiente texto.**

Los atrapamientos por o entre objetos son los **atrapamientos** que sufre el operador con los elementos móviles y partes **giratorias** de las máquinas. Estos se producen en las transmisiones y partes móviles de las máquinas carentes de **protección**. También es común este riesgo en aquellas operaciones de **revisión** y partes móviles de las máquinas carentes de protección, y en las operaciones de mantenimiento y cambio de **útiles** en la máquina.

7. **¿Cuál de las siguientes opciones no se corresponde con un riesgo en el montaje de una estructura metálica?**

    a. Golpes y/o cortes en manos y piernas por objetos y/o herramientas.
    b. Vuelco de la estructura.
    c. Quemaduras.
    d. Todas las opciones son correctas.

8. **Una contracción involuntaria de los músculos que impide separarse del punto de contacto, se asocia con...**

    a. ... la asfixia.
    b. ... la fibrilación ventricular.
    c. ... la tetanización.
    d. ... la interrupción respiratoria.

9. **Si una persona al cabo de un minuto en contacto con una corriente eléctrica sufre una contracción muscular, dificultad de respiración y aumento de la presión arterial, ¿cuál es la intensidad de contacto (mA)?**

    a. 5–15
    b. 15–25
    c. 25–40
    d. 40–55

10. **De las siguientes frases, indique cuál es verdadera o falsa.**

    a. Se entiende que hay un riesgo laboral cuando la salud de los trabajadores puede verse dañada por la toxicidad de ciertos elementos del ambiente.

        ☑ **Verdadero**
        ☐ Falso

    b. La higiene industrial es una técnica específica de prevención sobre el riesgo mecánico.

        ☐ Verdadero
        ☑ **Falso**

    c. La taladrina es un líquido refrigerante.

        ☑ **Verdadero**
        ☐ Falso

11. **El ácido sulfúrico es una sustancia...**

    a. ... narcótica.
    b. **... irritante.**
    c. ... asfixiante.
    d. ... cancerígena.

12. **De las siguientes opciones, indique cuál es un riesgo de la tronzadora.**

    a. Contacto con el disco de corte.
    b. **Proyección de la pieza cortada.**
    c. Caídas al mismo nivel.
    d. Las opciones a y b son correctas.

13. **Las pasarelas perpendiculares a la pendiente de la cubierta, deben instalarse a lo largo de las líneas de fijaciones, cuando la pendiente es inferior al...**

    a. ... 50 %.
    b. ... 40 %.
    c. ... 20 %.
    d. **... 15 %.**

14. Complete el siguiente texto:

Una medida preventiva del radial sería alertar al **responsable** del trabajo sobre cualquier **anomalía** detectada en la máquina y retirar de servicio, de modo inmediato, cualquier radial que tenga el **disco** deteriorado o cuando se perciban **vibraciones** anormales de funcionamiento a plena velocidad.

Solucionario Capítulo 2

1. ¿Qué real decreto establece excepciones a la obligatoriedad de las normas sobre tiempos de conducción y descanso, y el uso del tacógrafo en el transporte por carretera?

    a. Real Decreto 440/2007.
    b. Real Decreto 540/2007.
    c. Real Decreto 640/2007.
    d. Real Decreto 740/2007.

2. ¿Qué real decreto establece las disposiciones mínimas de Seguridad y Salud para la utilización por los trabajadores de los equipos de trabajo?

    a. Real Decreto 1214/1997.
    b. Real Decreto 1215/1997.
    c. Real Decreto 1216/1997.
    d. Real Decreto 1217/1997.

3. Complete la siguiente oración.

En los aparatos **elevadores** y en los accesorios de **izado** se deberá colocar, de manera visible, la indicación del valor de su carga máxima que, en ningún caso, debe ser **sobrepasada**.

4. De las siguientes frases, indique cuál es verdadera o falsa.

    a. En caso de accidente o enfermedad, lo primero que hay que dar al accidentado es agua, para evitar su deshidratación.

        ☐ Verdadero
        ☑ Falso

    b. Nunca se debe emitir la propia opinión sobre el estado de salud al lesionado o a los familiares.

        ☑ Verdadero
        ☐ Falso

5. **¿Cuál es el tiempo máximo que debe estar un torniquete puesto?**

No se debe mantener un torniquete más de dos horas.

6. **Las quemaduras que afectan a la capa superficial de la piel o epidermis, tienen una gravedad de...**

     a. **... primer grado.**
     b. ... segundo grado superficial.
     c. ... segundo grado profundo.
     d. ... tercer grado.

Solucionario Capítulo 3

1. ¿De qué categoría se consideran los equipos destinados a proteger contra riesgos mínimos?

    a. **Categoría I**
    b. Categoría II
    c. Categoría III
    d. Categoría IV

2. ¿Cuál es la masa mínima que debe proteger un casco?

    a. 2 kg desde 1 m de altura.
    b. 3 kg desde 1 m de altura.
    c. 4 kg desde 1 m de altura.
    d. **5 kg desde 1 m de altura.**

3. ¿Cuál es el espacio mínimo entre la superficie del casco y la cabeza del usuario?

    a. 15 mm
    b. 20 mm
    c. **25 mm**
    d. 30 mm

4. ¿Qué características tiene la piel?

La durabilidad, la destreza y la resistencia térmica.

5. Complete la siguiente oración.

La vida útil de un filtro respiratorio depende de su **tamaño** y de las **condiciones** de uso. Por tanto, no puede fijarse un tiempo determinado de utilización, sino que este variará dependiendo de varios factores que hay que tener en cuenta, como concentración de los contaminantes y combinación de los mismos, **humedad** y **temperatura ambiental**, duración del uso y **tasa respiratoria del usuario.**

6. **De las siguientes frases, indique cuál es verdadera o falsa.**

a. Los EPI están sujetos a una degradación paulatina de su rendimiento en el uso normal y a fallos completos en condiciones extremas, como las emergencias.

☑ **Verdadero**
☐ Falso

b. Los EPI tiene como finalidad realizar una tarea.

☐ Verdadero
☑ **Falso**

Solucionario 4

Montaje mecánico de instalaciones solares fotovoltaicas

Solucionario Bloque 1 Capítulo 1

1. ¿Cómo es la colocación de los módulos cuando existe superposición?

Cuando existe superposición, la colocación de los módulos se realiza paralela a la envolvente del edificio, pero sin funcionalidad arquitectónica, ya que no sustituye a ningún elemento constructivo.

2. De las siguientes frases, indique cuál es verdadera o falsa.

a. En las cubiertas fotovoltaicas únicamente se emplean tejas que integren las propias células fotovoltaicas.

☐ Verdadero
☑ **Falso**

b. La mayor desventaja que presentan los paneles flexibles que se adhieren a las cubiertas planas es la pérdida por sombras.

☐ Verdadero
☑ **Falso**

c. Para la realización de cubiertas curvas suele recurrirse al empleo de estructuras especiales que se adaptan a la forma de la superficie.

☑ **Verdadero**
☐ Falso

d. Los lucernarios presentan un alto grado de integración arquitectónica.

☑ **Verdadero**
☐ Falso

3. **Indique a qué tipo de fachada corresponde cada una de las siguientes características:**

    a. La construcción de la pared exterior se divide en dos capas: una interior, estanca y aislada, y otra exterior que protege a la primera. **Fachada ventilada.**

    b. Es una fachada ligera formada por montantes y travesaños, en los que la estructura auxiliar permanece suspendida y en la que el vidrio se sustituye por otro que incorpora células solares. **Muro cortina.**

    c. Permite combinar los paneles de acristalamiento usados normalmente en este tipo de muros con los que incorporan células fotovoltaicas. **Muro cortina.**

    d. La fachada se interrumpe en cada forjado de modo que la estructura auxiliar está apoyada en cada forjado. **Fachada panel.**

4. **Indique, en la siguiente imagen, las partes de que se compone un panel cristal-cristal-vidrio.**

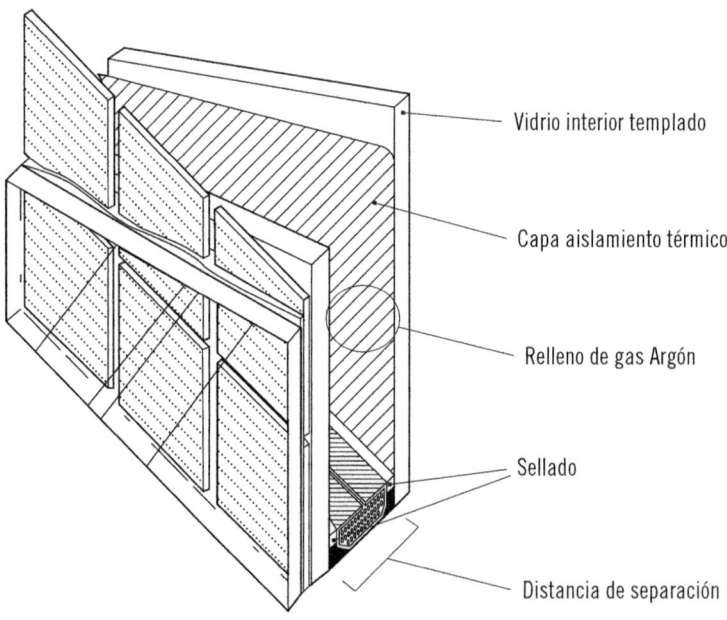

Vidrio interior templado

Capa aislamiento térmico

Relleno de gas Argón

Sellado

Distancia de separación

5. De las siguientes frases, indique cuál es verdadera o falsa.

a. Las células de silicio monocristalino se obtienen a partir de un cristal-germen.

☑ **Verdadero**
☐ Falso

b. El método de fabricación de las células de silicio monocristalino permite obtener directamente células cuadradas o rectangulares.

☐ Verdadero
☑ **Falso**

c. Las células de silicio monocristalino pueden ser de silicio amorfo, seleniuro de cobre e indio, etc.

☐ Verdadero
☑ **Falso**

d. Las células de silicio monocristalino son de color azul homogéneo.

☑ **Verdadero**
☐ Falso

Solucionario Bloque 1 Capítulo 2

1. ¿En qué consiste el aprovisionamiento?

El aprovisionamiento consiste en adquirir de forma adecuada los productos necesarios para la actividad de la empresa. Esto implica conocer todos los elementos que van a ser montados, su número y características, cómo y dónde obtenerlos, y los periodos previstos para la ejecución de cada uno de los trabajos de que consta la instalación, a fin de que el suministro de los componentes se produzca en el momento preciso para su uso, así:

- El número y características de los elementos que componen la instalación, se conocerá a partir del proyecto de la misma.
- En los planos de montaje puede verse cómo quedan distribuidos.
- Y en el presupuesto vendrán determinados su número y descripción.

2. ¿Qué aspectos serán necesarios valorar, para cada uno de los proveedores?

    a. La calidad de sus productos.
    b. El plazo de entrega.
    c. El precio del producto.
    d. La cantidad demandada.
    e. El servicio.

3. Indique a qué parte del embalaje corresponde cada función.

    a. Está formado fundamentalmente por espumas de polietileno (PE), de poliestireno expandido (EPS) o de poliuretano (PU). **Material protector o material de relleno.**
    b. Corresponde al elemento exterior que envuelve la mercancía. **Contenedor.**
    c. Pueden realizarse diseños especiales, que se adaptan a los contornos e irregularidades de las piezas. **Material protector o material de relleno.**
    d. Se coloca sobre un costado visible. **Etiquetado.**
    e. La cinta de carrocero normal no suele ser suficiente. **Elementos de precintado.**
    f. Su tamaño debe ser de 100, 150 ó 200 mm. **Indicaciones gráficas o pictogramas.**
    g. Puede ser de diversos materiales, pero principalmente se utilizan el cartón y la madera. **Contenedor.**

4. ¿Cómo se indica, sobre un embalaje, la fragilidad de los módulos fotovoltaicos que contiene?

Con un símbolo que representa una copa, colocada en la parte superior izquierda, en las cuatro caras verticales del embalaje.

5. ¿De qué factores depende la determinación de la superficie que va a destinarse a almacenamiento?

a. La naturaleza de la instalación.
b. El espacio disponible.
c. El ritmo de suministros.

Solucionario Bloque 1 Capítulo 3

1. ¿En qué documento, de los que componen un proyecto, se incluyen las hojas de características de los equipos utilizados, certificados de calidad y conformidad, y todo aquel material que confirme o avale lo expresado en el resto del proyecto?

En anexos.

2. Indique si los siguientes documentos que componen el proyecto de una instalación solar fotovoltaica son vinculantes o no:

I Memoria.	NO
I Pliego de condiciones.	SÍ
I Planos.	SÍ
I Estudio de seguridad y salud.	NO
I Presupuesto de ejecución.	NO
I Anexos.	NO

3. En una cubierta plana se van a colocar los soportes para los módulos que compondrán la instalación, ¿qué herramienta se empleará para comprobar la horizontalidad de estos soportes y cómo se sabrá que están completamente horizontales?

Se empleará un nivel para comprobar la horizontalidad, y se sabrá que están completamente horizontales porque cuando se coloque el nivel sobre los mismos, la burbuja en el interior del tubo que corresponde a esta inclinación se encontrará justo en medio de las dos marcas hechas en la mitad del tubo.

4. De las siguientes frases, indique cuál es verdadera o falsa.

    a. El atornillador eléctrico es una herramienta portátil de percusión.

        □ Verdadero
        ☑ **Falso**

b. La broca va sujeta al taladro mediante su cabezal.

☑ **Verdadero**
☐ Falso

c. Las uniones realizadas con remachadoras son desmontables.

☐ Verdadero
☑ **Falso**

d. El soldador emplea calor para fundir las piezas a unir.

☑ **Verdadero**
☐ Falso

e. La sierra radial es una herramienta de corte.

☑ **Verdadero**
☐ Falso

5. Relacione los siguientes elementos.

a. Son estructuras de andamio tubular, montadas utilizando elementos pre-fabricados y capaces de ser desplazadas manualmente sobre superficies lisas y firmes.
b. Están constituidas, como mínimo, por plataforma de trabajo con órganos de servicio, estructura extensible, chasis y sistemas de accionamiento.
c. Necesitan una superficie sobre la que apoyar su parte superior para que el usuario pueda utilizarlas.
d. Su montaje puede requerir un plan de trabajo.

c. Escaleras apoyables o de apoyo
b. Plataforma de trabajo
d. Andamios
a. Torres de trabajo móviles

Solucionario Bloque 1 Capítulo 4

1. ¿Sería correcto ignorar las recomendaciones dadas por el fabricante de una herramienta usada en el montaje de una instalación?

No, Seguir atentamente todas las recomendaciones del fabricante es fundamental, ya que va a influir en el resultado final.

2. ¿Qué opciones conlleva efectuar las tareas con el mayor cuidado posible?

I Preparar el área de trabajo según los procedimientos de trabajo establecidos.
I Disponer de todo el material necesario y comprobar que está todo lo que se necesita, incluidos esquemas de consulta.
I Comprobar que las herramientas y útiles de trabajo son las adecuadas y están en buen estado.
I Repartir correctamente el trabajo entre los operarios que van a realizarlo, de forma que cada uno conozca su cometido, y que haya una perfecta coordinación entre ellos.

3. Indique los pasos necesarios para realizar un flujograma.

I Definir la función del flujograma, para conocer qué se espera obtener con su realización.
I Definir a quiénes va a ir dirigido.
I Hacer un análisis lógico de lo que se quiere representar, lo que implica identificar y enumerar las principales acciones que deben ser incluidas en el diagrama y su orden cronológico.
I Fijar el nivel de detalle, que va a limitar, entre todas las actividades que pueden incluirse, aquellas que realmente se va a tener en cuenta. Si el nivel de detalle definido incluye actividades menores, hay que enumerarlas también.
I Identificar y enumerar los puntos de decisión.
I Establecer los límites del proceso que va a describir, señalando los puntos entre los que se acotará el proceso. De esta manera quedará fijado el comienzo y el final del diagrama. Frecuentemente, el comienzo es la salida del proceso previo y el final la entrada al proceso siguiente.
I Construir el diagrama respetando la secuencia cronológica y asignando los correspondientes símbolos.
I Asignar un título al diagrama y verificar que esté completo y describa con exactitud el proceso elegido.

4. Relacione los siguientes símbolos usados en los flujoramas, con su significado.

a.

b.

c.

d.

d. Conector de página
b. Conector de actividad
a. Inicio/ Final
c. Decisión

5. **Ordene correctamente los pasos que hay que seguir para la realización de un cronograma.**

1. Calcular la duración de las tareas, para lo que habrá sido necesario estimar el esfuerzo que supone cada actividad.
2. Determinar cuáles van a ser las principales fases que se van a establecer en el desarrollo del proyecto y la secuencia en que van a sucederse.
3. Determinar las tareas necesarias para completar las fases establecidas.
4. Plasmar los cálculos en el cronograma.

1. Determinar cuáles van a ser las principales fases que se van a establecer en el desarrollo del proyecto y la secuencia en que van a sucederse.
2. Determinar las tareas necesarias para completar las fases establecidas.
3. Calcular la duración de las tareas, para lo que habrá sido necesario estimar el esfuerzo que supone cada actividad.
4. Plasmar los cálculos en el cronograma.

Solucionario Bloque 1 Capítulo 5

1. De las siguientes frases, indique cuál es verdadera o falsa.

a. Las eslingas de cadena se tiñen para su identificación.

☐ Verdadero
☑ **Falso**

b. Las eslingas de poliéster tienen baja elongación.

☑ **Verdadero**
☐ Falso

c. Las eslingas circulares son las más utilizadas.

☐ Verdadero
☑ **Falso**

d. Los cinchones son eslingas con un ancho inferior a 320 mm.

☐ Verdadero
☑ **Falso**

e. Las eslingas de cable reciben el nombre de estrobos.

☑ **Verdadero**
☐ Falso

f. Cuanto mayor es el ángulo que forman los ramales de una eslinga de cable, menor es la carga máxima que soportan.

☑ **Verdadero**
☐ Falso

g. Las eslingas de cadena son ligeras.

☐ Verdadero
☑ **Falso**

h. En las eslingas de cadena, los eslabones contiguos pueden formar entre sí ángulos muy pequeños.

☑ **Verdadero**
☐ Falso

2. **Relacione los siguientes elementos.**

a. Elemento similar a una anilla cuya parte inferior es desmontable o móvil.
b. Elemento de forma curva y abierta, que presenta un extremo de forma puntiaguda, y que sirve para prender, agarrar o colgar algo.
c. Elemento flexible y debidamente preparado para la conexión entre el elemento de elevación y las cargas.

b. Gancho
c. Eslinga
a. Grillete

3. **Complete las siguientes oraciones.**

a. La principal utilidad de la carretilla elevadora es la de elevar cargas **paletizadas**.
b. Las carretillas para exterior están dotadas de un **motor térmico** que les confiere una gran autonomía.
c. La carretilla elevadora está compuesta por un **chasis**, que soporta un motor sobre su eje trasero, y unas **guías de elevación** en la parte delantera.
d. Tanto la dirección de la carretilla como la elevación de la carga están controladas **hidráulicamente**.

4. **Para trasladar una columna de sección circular de un seguidor solar, ¿qué tipo de levante sería el más adecuado en este caso?**

Dada la sección circular que presenta la columna, la forma más adecuada sería el levante en lazada corrediza, ya que en él la eslinga queda ajustada al cuerpo a levantar.

Solucionario Bloque 1 Capítulo 6

1. **En una zona en la que se producen nevadas, ¿sería recomendable la colocación de una estructura soporte sobre una cubierta plana, sin ninguna inclinación y sin ninguna elevación sobre la cubierta?**

   No, ya que en ese caso las nieves cubrirían completamente los módulos, que no podrían captar la radiación solar.

2. **Complete las siguientes oraciones.**

   a. Cuando las estructuras son pequeñas o ligeras, como sucede con los muros cortina empleados en las fachadas, pueden construirse con **aluminio anodizado**.

   b. En las construcciones sobre el suelo, los bulones de fijación a los que se anclarán las estructuras, se incrustan en la mezcla antes de que esta haya **fraguado**.

   c. Las instalaciones sobre suelo presentan dos problemas fundamentales: la fuerza **elevadora** que puede ejercer el viento sobre los paneles y la **accesibilidad**.

3. **Indique si las siguientes formas de colocación de estructuras soporte son adecuadas para el lugar en que se pretende colocar las estructuras propuestas. Y si no son las adecuadas, ¿cuál sería la ubicación correcta de la estructura, a la vista del método de montaje elegido?**

   a. **Colocación mediante hincado de un único poste, mediante una hincadora de postes, sobre una cubierta plana.**

   No es adecuado, ya que el hincado de postes se realiza directamente sobre el suelo.

   b. **Construcción en el suelo de una cimentación compuesta por un bloque de hormigón en el que se han anclado bulones de fijación, previamente al fraguado del hormigón.**

   Sí es adecuado.

c. **Fijación de la estructura portante, con la que se da a los módulos la orientación e inclinación adecuadas, atornillándola a un contrapeso de hormigón colocado sobre una cubierta plana.**

Sí es adecuado.

d. **Colocación de montantes y travesaños anclados a una fachada de ladrillo, para la construcción de un muro cortina modular.**

No es adecuado, porque los montantes y travesaños que se colocan sobre una fachada ya construida constituyen una fachada ventilada, mientras que en los muros cortina los módulos conforman el cerramiento del edificio.

5. **Relacione los siguientes elementos.**

   a. Travesaños
   b. Módulos fotovoltaicos
   c. Juntas de goma
   d. Anclajes

   a. Elementos resistentes
   c. Elementos de estanqueidad
   d. Elementos de fijación
   b. Elementos de cerramiento

Solucionario Bloque 1 Capítulo 7

1. **Identifique las partes que componen un sistema de seguimiento en la siguiente figura.**

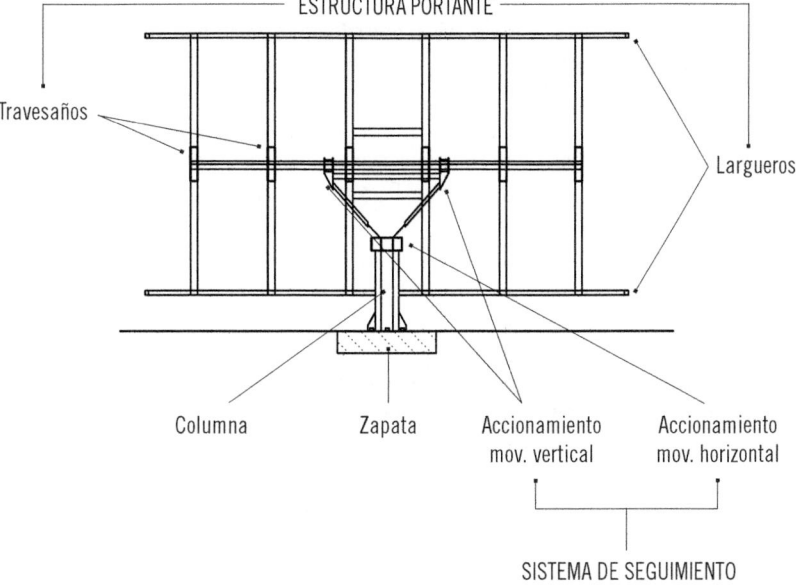

2. **¿Por qué las zapatas que soportan los sistemas de seguimiento deben estar correctamente niveladas?**

   Para evitar basculamientos del conjunto al que sirven de base.

3. **Relacione los siguientes elementos.**

   a. Es por definición un componente estático
   b. Recibe también los nombres de tablero o bastidor
   c. Pueden ser cuadradas o circulares
   d. Se clasifican en función del método que emplean para seguir la trayectoria del sol
   e. El ángulo de inclinación se ajusta manualmente

c. Zapatas.

a. Columna.

d. Accionamientos.

b. Soporte o estructura portante.

e. Seguidor automático pasivo.

4. Para el montaje de los soportes, ¿es el atornillado el único método de unión entre largueros y travesaños?

No, dependiendo de sus dimensiones los travesaños pueden atornillarse directamente sobre los largueros o pueden sujetarse mediante abarcones que abrazan el perfil del larguero, colocándose por debajo de este. Para realizar este tipo de unión, los travesaños deben tener a ambos lados del perfil unas perforaciones por la que deben salir los extremos del abarcón, que se fijan con tuercas y se aprietan con la ayuda de una llave dinamométrica.

5. ¿Cómo se realiza el control del movimiento solar en un seguidor automático activo y cómo se obtienen los datos para posicionarlo óptimamente?

El control del movimiento solar se realiza a través de sistemas de programación. Para posicionarse óptimamente, el sistema debe captar los datos del sol y del viento, para lo cual dispone de sensores ópticos que detectan la perpendicularidad de los rayos del sol respecto al módulo, y de anemómetros que captan la velocidad del viento.

Solucionario Bloque 2 Capítulo 1

1. **Indique si las uniones que se consiguen con los siguientes métodos son fijas o desmontables.**

    a. Atornillado. **Desmontable.**
    b. Roscado. **Desmontable.**
    c. Remachado. **Fija.**
    d. Soldadura. **Fija.**

2. **¿Cuál es la diferencia entre los tornillos autorroscantes y los tornillos autoperforantes?**

    Que los tornillos autorroscantes tienen la punta cónica y es necesario que se realice una perforación previa que facilite su penetración, mientras que los tornillos autoperforantes terminan en una punta de broca que actúa como macho de roscar y, por tanto, no es necesario realizar la perforación previa al atornillamiento.

3. **Indique a qué tipo de elemento corresponde la siguiente designación: M 8 x 1,25.**

    Corresponde a una rosca métrica de 8 mm de diámetro y 1,25 mm de paso.

4. **Complete la siguiente oración.**

    Los anclajes están compuestos principalmente por un **cuerpo** y **un tornillo o perno**. El cuerpo consiste en un **cilindro** que presenta unas estrías **longitudinales**, cuyo extremo inferior puede tener forma **cónica**.

5. **Establezca el orden correcto en el que suceden las operaciones para realizar una soldadura al arco.**

    a. Se conecta el cable de la pinza
    b. Se conecta el cable de masa a la toma señalada en la máquina y el otro extremo a la masa o la pieza
    c. Se acciona el interruptor, con lo que quedará conectada la máquina soldadora
    d. Se sitúan las piezas a soldar y se monta el electrodo en la pinza

e. Se enciende o se ceba el arco
f. Picar y cepillar la escoria al final del trabajo
g. Desplazar el electrodo de izquierda a derecha

a. Se conecta el cable de masa a la toma señalada en la máquina y el otro extremo a la masa o la pieza.
b. Se conecta el cable de la pinza.
c. Se sitúan las piezas a soldar y se monta el electrodo en la pinza.
d. Se acciona el interruptor, con lo que quedará conectada la máquina soldadora
e. Se enciende o se ceba el arco.
f. Desplazar el electrodo de izquierda a derecha
g. Picar y cepillar la escoria al final del trabajo.

Solucionario Bloque 2 Capítulo 2

1. **Relacione los siguientes elementos.**

   a. Fieltro de poliéster
   b. Fieltro de fibra de vidrio
   c. Film de polietileno

   b. Baja resistencia al punzonamiento y desgarro
   c. Impermeable
   a. Baja elongación

2. **De las siguientes frases, indique cuál es verdadera o falsa.**

   a. Las láminas de PVC-P son más resistentes que las bituminosas.

   ☑ **Verdadero**
   ☐ Falso

   b. Las láminas bituminosas no resisten a asfaltos, alquitranes ni aceites.

   ☐ Verdadero
   ☑ **Falso**

   c. El espesor de las láminas de EPDM puede ir desde 0,5 mm a 1,5 mm.

   ☐ Verdadero
   ☑ **Falso**

   d. No se debe permitir ningún contacto entre los materiales de EPDM y asfaltos.

   ☑ **Verdadero**
   ☐ Falso

3. **¿Cómo se realiza la unión con adhesivo en membranas de PVC-P?**

   Se aplica una capa uniforme de adhesivo a ambas caras de la unión a solapar, dejando que se evapore. Seguidamente se presiona la unión mediante un rodillo o un saco relleno de arena.

4. **¿Qué material puede emplearse como lastre en la impermeabilización con EPDM, cuando se emplea el sistema lastrado para su colocación?**

> ▮ Grava, en forma de canto rodado, liso, limpio, sin piezas rotas y del tamaño adecuado.
>
> ▮ Pavimento compuesto por losas de hormigón, de espesor mínimo de 50 mm, con acabado fino a la llana.
>
> ▮ Grava de machaca con una granulometría normalizada, libre de fracturas excesivas, arena o sustancias extrañas.

Solucionario Bloque 2 Capítulo 3

1. **De las siguientes frases, indique cuál es verdadera o falsa.**

   a. Los marcos de los módulos estándar llevan acoplados una toma de tierra.

      ☑ **Verdadero**
      ☐ Falso

   b. En la integración arquitectónica los paneles fotovoltaicos deben colocarse tras los vidrios tradicionales.

      ☐ Verdadero
      ☑ **Falso**

   c. En los módulos fotovoltaicos de doble vidrio, la cubierta posterior es de Tedlar.

      ☐ Verdadero
      ☑ **Falso**

   d. En los módulos fotovoltaicos de estructura cristal-cristal-vidrio, el módulo fotovoltaico se sitúa siempre en la parte exterior.

      ☑ **Verdadero**
      ☐ Falso

   e. En los módulos fotovoltaicos de estructura cristal-cristal-vidrio, para reducir la transmisión térmica, en la cámara que queda entre la lámina de vidrio aislante y el cristal templado de seguridad, se introduce un gas inerte.

      ☑ **Verdadero**
      ☐ Falso

2. **De los siguientes elementos, señale cuál se emplea en el montaje de módulos estándar.**

   a. Rótula.
   b. **Arandela plana.**
   c. **Pletina en forma de doble L.**
   d. Arañas de dos brazos.
   e. **Grapa final.**
   f. Anclajes rígidos.

3. **¿Cuáles son las ventajas que supone el empleo de un sistema de videovigilancia para la protección de antirrobos en los sistemas solares que se instalen?**

   - Se reduce el personal de vigilancia.
   - Disminuyen los riesgos a que está expuesto este personal.
   - Puede disuadir a posibles agresores, al sentirse vigilados.
   - Permite verificar si la alarma responde realmente a una situación de riesgo.
   - Posibilita identificar a los intrusos.

4. **La fachada sur de un edificio que va a recubrirse de paneles solares, ¿con qué inclinación deberán montarse para obtener el mejor rendimiento?**

   Para orientación sur la instalación tiene un rendimiento óptimo cuando la inclinación está comprendida entre 30º y 90º.

5. **¿Cuál será la distancia mínima entre dos módulos cuyas dimensiones son 1300 x 900 x 40 mm, que van a montarse sobre una cubierta plana en la localidad de Antequera? Para calcular la inclinación se ha supuesto una ocupación anual.**

   Dato: latitud de Antequera = 31,01N.

   Hay que aplicar la fórmula:

   $$d_{min} = L \cos\alpha + \frac{L \operatorname{sen}\alpha}{\operatorname{tg}(\rho)} = L \left(\cos\alpha + \frac{\operatorname{sen}\alpha}{\operatorname{tg}(\rho)} \right)$$

Donde:

L = 1,3 m

α = latitud + 10° = 37,01 + 10 = 47,01°

$\rho \approx$ 67 − latitud = 67 − 37,01 = 29,99°

Y se obtiene que:

$$d_{min} = L \cos\alpha + \frac{L \operatorname{sen}\alpha}{\operatorname{tg} \rho} = L \left(\cos\alpha + \frac{\operatorname{sen} \alpha}{\operatorname{tg} \rho} \right)$$

$$d_{min} = 1,3 \left(\cos 47,01 + \frac{\operatorname{sen} 47,01}{\operatorname{tg} 29,99} \right) = 2,53 \text{ m}$$

La distancia mínima los dos módulos sería de 2,53 m.

Solucionario Bloque 2 Capítulo 4

1. ¿Qué les sucede a las baterías cuando el local donde se encuentran, las temperaturas son tan bajas que se producen heladas?

Que debido al frío, la capacidad real de las baterías se reduce.

2. De las siguientes frases sobre los locales en los que se ubican las baterías, cuál es verdadera o falsa.

    a. La anchura de los pasillos será igual al ancho de los vasos.

        ☐ Verdadero
        ☑ **Falso**

    b. La puerta de acceso a los locales abrirá hacia dentro.

        ☐ Verdadero
        ☑ **Falso**

    c. Las paredes serán de superficie lisa.

        ☑ **Verdadero**
        ☐ Falso

    d. Los suelos podrán tener una ligera pendiente, haciendo rampa ascendente hacia el umbral.

        ☑ **Verdadero**
        ☐ Falso

3. ¿Qué pasos deben seguirse para colocar los vasos en el cuarto de baterías?

    ▌ Planificar la instalación.
    ▌ Tomar medidas de seguridad.
    ▌ Usar las herramientas adecuadas.
    ▌ Hacer conexiones duraderas.
    ▌ Verificar el funcionamiento.

4. De las sustancias bicarbonato sódico (NaHCO$_3$) e hidróxido sódico (NaOH), ¿cuál de ellas se utiliza para neutralizar los derrames de electrolito?, ¿por qué no se utiliza la otra?

De estas dos sustancias, la que se utiliza para neutralizar derrames de ácido sulfúrico es el bicarbonato sódico (NaHCO3). El hidróxido sódico (NaOH) no es recomendable, ya que se trata de una base fuerte.

Solucionario Bloque 2 Capítulo 5

1. Responda brevemente a las siguientes cuestiones.

   a. ¿Qué tipo de cimentación es la más usada en el montaje de sistemas de apoyo eólico?

   La zapata aislada de cemento.

   b. ¿Cuántos tipos de cimentaciones hay? ¿Cuáles son?

   Dos, cuadrada y circular.

   c. ¿Qué tipo de cimentación ocupa más espacio?

   La cuadrada.

   d. ¿En qué tipo de cimentación la distribución de fuerzas es más uniforme?

   En la circular.

5. ¿Cómo suelen unirse las torres a las cimentaciones?

   Las torres suelen estar unidas con pernos a las cimentaciones de hormigón sobre las que reposan. Pueden usarse pernos de anclaje especiales de gran longitud, que se cimientan en el fundamento de hormigón.

   Sin embargo, hay otros métodos, como puede ser emplear una virola colada dentro de la cimentación de hormigón, a la que se une el primer tramo de la torre que tiene que ser soldada directamente en el propio emplazamiento. Este método requiere que la torre esté provista de guías y abrazaderas especiales para mantener las dos secciones de la torre en su sitio, mientras se está realizando la soldadura.

6. De las siguientes frases, indique cuál es verdadera o falsa.

a. El aerogenerador sostiene a la torre.

☐ Verdadero
☑ **Falso**

b. En las aeroturbinas pequeñas, la altura de la torre es bastante mayor que el diámetro del rotor.

☑ **Verdadero**
☐ Falso

c. La principal ventaja de las torres de celosía es su apariencia visual.

☐ Verdadero
☑ **Falso**

d. Las torres autoportantes se sostienen mediante atirantado.

☐ Verdadero
☑ **Falso**

e. Los vientos deben colocarse en el lado en el que el viento sopla con menos fuerza.

☑ **Verdadero**
☐ Falso

7. ¿Cómo se fija el aerogenerador a la torre?

Para fijar el aerogenerador sobre la torre se emplea un sistema de doble pletina: una de las pletinas va fijada a la torre y la otra al aerogenerador.

La unión entre ambas pletinas se realiza mediante un número suficiente de tornillos, con sus correspondientes arandelas y tuercas en ambas caras, para garantizar la estabilidad y la correcta distribución de los esfuerzos. Este número viene determinado por el fabricante del equipo.

Solucionario Bloque 2 Capítulo 6

1. **¿Qué operaciones hay que llevar a cabo para el traslado de un grupo electrógeno, empleando una grúa?**

Para el traslado de un grupo electrógeno, empleando una grúa, se deben llevar a cabo las siguientes operaciones:

I Se fijan las eslingas de elevación en los puntos que el grupo electrógeno tiene dispuestos para ello.
I Si tiene ganchos en la parte superior, se fija la eslinga a estos ganchos. Si no tiene ganchos, se pasan las eslingas por debajo.
I Por la parte superior, las eslingas se fijan a una barra central que tendrá como mínimo el ancho de la bancada, para impedir el roce de las eslingas con el motor o el alternador. Si las eslingas son de cadena, se protegerá la bancada para evitar que las cadenas dañen la pintura.
I Se tensan las eslingas ligeramente.
I Se eleva lentamente el grupo electrógeno, no sin antes cerciorarse de que las eslingas están bien fijadas, dirigiendo y estabilizando el grupo hacia su emplazamiento.
I Se baja lentamente el grupo hasta posicionarlo.
I Se sueltan las eslingas y luego se aflojan y se quitan los pernos de elevación.

2. **De las siguientes frases, indique cuál es verdadera o falsa.**

a. En los grupos insonorizados, la insonorización se consigue construyendo las paredes gruesas.

☐ Verdadero
☑ **Falso**

b. Cuando la sala se insonoriza a posteriori, se consigue una buena relación calidad-precio.

☐ Verdadero
☑ **Falso**

c. La tubería de escape debe tener el menor número de codos posible.

☑ **Verdadero**
☐ Falso

d. Las dimensiones de la sala tienen que permitir la disipación del calor generado por el grupo electrógeno.

☑ **Verdadero**
☐ Falso

e. Los grupos electrógenos generan calor principalmente por radiación y convección.

☑ **Verdadero**
☐ Falso

3. Complete las siguientes oraciones.

a. Para que el flujo de aire fresco que entra en la sala actúe correctamente, las aberturas de entrada deben realizarse **en la parte inferior** de la pared de la sala de máquinas; cuanto más **baja** esté la entrada de aire, mejor será la refrigeración. Para impedir la entrada de cuerpos extraños o de animales en la sala que ocupa la instalación del generador, las aberturas se protegerán con **rejillas, persianas**, etc. Las persianas y otros tipos de protecciones similares restringen la entrada y salida del aire, lo que debe compensarse haciendo estas más **grandes**.

b. El tamaño de la ventana de expulsión debe ser mayor o igual que el del **radiador,** en el caso de grupos electrógenos no insonorizados, e igual o mayor que la **rejilla de expulsión** en los equipos insonorizados. Para evitar que el aire caliente vuelva a entrar en la sala, se emplearán **conductos de salida** estancos.

4. **¿Qué método de apoyo es más conveniente emplear cuando el grupo electrógeno se apoya en cubiertas planas o terrazas? Razone la respuesta.**

Sobre cubiertas planas o terrazas lo más conveniente es emplear una estructura metálica lo más rígida posible, apoyada sobre piezas que transmitan la carga hasta los pilares del edificio, ya que la construcción de cimentaciones supondrían una sobrecarga para la estructura y aumentarían la transmisión de vibraciones.

5. **¿Existe algún caso en el que la bancada pueda fijarse directamente sobre el suelo por medio de tirafondos?**

Sí, cuando la fijación entre el grupo y la bancada se realiza por medio de antivibratorios que absorben las vibraciones, ya que esta dejaría de ser un elemento transmisor.

Solucionario Bloque 2 Capítulo 7

1. **¿Dónde es aplicable cada una de las siguientes bombas?**

   b. **Sumergibles.**

   En pozos de poco diámetro donde las variaciones de nivel son importantes y la acumulación de agua se hace en altura.

   c. **De superficie.**

   En aquellos lugares en los que los niveles del agua de aspiración no sufren grandes oscilaciones, permaneciendo la altura de aspiración dentro del rango admitido por la bomba, generalmente menor de 6 m.

   d. **Flotantes.**

   En ríos, lagos o pozos de gran diámetro, permitiendo una altura de aspiración constante y proporcionando un gran caudal con poca altura manométrica.

5. **Complete las siguientes oraciones.**

   a. Se pueden encontrar bombas volumétricas de **cilindro** y de **diafragma**.
   b. Las más usadas en bombeo fotovoltaico son las bombas que usan un cilindro y un **pistón** para poder mover paquetes de agua a través de una cámara sellada.
   c. En las bombas de cilindro, la energía **eléctrica** requerida para hacerla funcionar se aplica solo durante una parte del ciclo de bombeo. Las bombas de esta categoría deben estar siempre conectadas a un **controlador** de corriente para aprovechar al máximo la potencia otorgada por el **generador fotovoltaico**.
   d. Las bombas de diafragma desplazan el agua por medio de diafragmas de un material **flexible** y **resistente**. Comúnmente los diafragmas se fabrican de **caucho** reforzado con **materiales sintéticos**. En la actualidad, estos materiales son muy resistentes y pueden durar de **dos a tres años** de funcionamiento continuo antes de requerir reemplazo.

6. **De las siguientes frases, indique cuál es verdadera o falsa.**

    a. El control automatizado del riego se consigue mediante electroválvulas y autómatas programables.

        ☑ **Verdadero**
        ☐ Falso

    b. La relación entre las características eléctricas del generador de paneles fotovoltaicos y las características eléctricas de las bombas se denomina acoplo.

        ☐ Verdadero
        ☑ **Falso**

    c. La instalación de convertidores en sistemas de bombeo con motor DC mejora el rendimiento del mismo.

        ☑ **Verdadero**
        ☐ Falso

    d. En pozos de pequeño diámetro se emplean únicamente bombas centrífugas sumergidas.

        ☐ Verdadero
        ☑ **Falso**

    e. Los motores de DC con bombas centrífugas suelen conectarse directamente al generador.

        ☑ **Verdadero**
        ☐ Falso

7. **¿Qué elementos de aplicación de agua son más apropiados en los riegos fotovoltaicos debido a que permiten una aplicación eficiente del agua?**

Los goteros de baja altura manométrica.

8. ¿Cómo se consigue el control automatizado del riego?

Se consigue mediante electroválvulas y autómatas programables que lo programan temporalmente o en función de los niveles de evaporación y transpiración que se hayan producido en los cultivos.

Solucionario 5
Montaje eléctrico y electrónico en instalaciones solares fotovoltáicas

Solucionario Bloque 1 Capítulo 1

1. Defina qué es un vatímetro.

El vatímetro es un instrumento utilizado para medir la potencia eléctrica.

2. Relacione cada instrumento de medida con la variable eléctrica que mide.

  a. Amperímetro.
  b. Voltímetro.
  c. Óhmetro.

  b. Tensión.
  a. Intensidad de corriente eléctrica.
  c. Resistencia eléctrica.

3. Indique si las siguientes afirmaciones son verdaderas o falsas.

  a. El densímetro se utiliza para comprobar el estado de carga de la batería.

  ☑ **Verdadero**
  ☐ Falso

  b. Las llaves de apriete se utilizan para apretar todo tipo de elementos, como, por ejemplo, tornillos.

  ☐ Verdadero
  ☑ **Falso**

  c. El pelacables es un tipo de alicate muy utilizado en trabajos de electricidad.

  ☑ **Verdadero**
  ☐ Falso

4. **Nombre al menos cuatro elementos de izado o accesorios de elevación.**

   Cualquier elemento de este tipo ha de estar dentro de la siguiente lista: bloque de poleas, cadenas, eslingas, horquillas, argollas, ganchos, anillos, grilletes, abrazaderas, sujetacables, guardacabos y gaza.

5. **Complete las siguientes oraciones.**

   a. El alicate plano se utiliza principalmente para **sujetar** y **doblar.**
   b. El destornillador a utilizar para un trabajo de electricidad ha de tener un **mango** aislante.
   c. Los guardacabos protegen los **cabos** o **cuerdas** de atar.

Solucionario Bloque 1 Capítulo 2

1. **Relacione cada técnica con el procedimiento correspondiente a seguir.**

   a. Conocimiento de la instalación.
   b. Preparación del área de trabajo.
   c. Herramientas adecuadas.

   b. Limpieza y organización.
   c. Revisión del material.
   a. Análisis de la información.

2. **Indique al menos tres ventajas que conlleve la planificación del trabajo.**

   Serían correctas tres ventajas cualesquiera de las que se especifican a continuación:

   I Gracias a la planificación se puede conseguir el desarrollo de la empresa.
   I Favorece la reducción de los riesgos.
   I Consigue aumentar el aprovechamiento de los recursos y del tiempo.
   I Ayuda a mejorar la coordinación entre los miembros de la empresa.
   I Permite mejorar la visión interna y del entorno empresarial.
   I Ayuda a los trabajadores a adaptarse de forma rápida y fácil a tareas nuevas o que hayan cambiado.

3. **Indique si las siguientes afirmaciones son verdaderas o falsas.**

   a. El diagrama causa-efecto ayuda a visualizar las razones y los factores, tanto principales como secundarios, que son las causas de un problema para conseguir identificar las posibles soluciones.

   ☑ **Verdadero**
   ☐ Falso

   b. Los flujogramas o diagramas de flujo son un tipo de diagrama muy útil, puesto que en ellos se representan de forma gráfica, mediante símbolos, una sucesión de hechos u operaciones en un sistema.

   ☑ **Verdadero**
   ☐ Falso

c. El diagrama de flujo es un calendario de trabajo en forma de esquema.

☐ Verdadero
☑ **Falso**

4. **Complete las siguientes oraciones sobre la simbología utilizada en los flujogramas de forma general.**

   a. Las flechas que indican el sentido del proceso se llaman **líneas de flujo**.
   b. Los procesos se representan con **rectángulos**.
   c. Los rombos representan **decisiones**.

5. **¿Qué tipo de diagrama utilizaría si desea hacer una planificación temporal del trabajo?**

   El cronograma.

Solucionario Bloque 2 Capítulo 1

1. **Nombre todos los componentes del tendido aéreo que aparecen en el manual.**

Conductores, apoyos, aisladores, accesorios de sujeción, tirantes y tornapuntas.

2. **Indique las distintas formas, que se han especificado en el manual, para colocar los cables aislados de instalaciones en tendidos subterráneos.**

   ▪ Directamente enterrados.
   ▪ En canalizaciones entubadas.
   ▪ En galerías.
   ▪ En atarjeas o canales revisables.
   ▪ En bandejas, soportes, palomillas o directamente sujetos a la pared.
   ▪ Circuitos con cables en paralelo.

3. **Si va a realizar una canalización enterrada en tubos embebidos en hormigón, dentro de los cuales ha de conducir ocho conductores unipolares, cuya sección nominal es 95 mm². ¿Qué diámetro que deberá tener como mínimo el tubo que utilice?**

Para ello, se ha de utilizar la tabla adecuada. De este modo, se puede deducir que el diámetro mínimo exterior del tubo que se tendrá de utilizar ha de ser 160 mm, como se señala a continuación sobre la tabla.

Diámetros exteriores mínimos de los tubos en función del número y la sección de los conductores o cables a conducir

Sección nominal de los conductortes unipolares (mm²)	Diámetro exterior de los tubos (mm)				
	Número de conductores				
	≤6	7	8	9	10
1,5	25	32	32	32	32
2,5	32	32	40	40	40
4	40	40	40	40	50
6	50	50	50	63	63
10	63	63	63	75	75
16	63	75	75	75	90
25	90	90	90	110	110
35	90	110	110	110	125
50	110	110	125	125	140
70	125	125	140	160	160
95	140	140	160	160	180
120	160	160	180	180	200
150	180	180	200	200	225
185	180	200	225	225	250
240	225	225	250	250	-

4. Indique si las siguientes afirmaciones son verdaderas o falsas.

   a. Se deben evitar los cambios de dirección de los tubos.

   ☑ **Verdadero**
   ☐ Falso

   b. Para la fijación de los tubos a paredes o techos se deben utilizar bridas o abrazaderas.

   ☑ **Verdadero**
   ☐ Falso

c. Cuando los tubos van fijos en superficie y se utilizan bridas, la distancia entre una brida y la siguiente ha de ser, como mínimo, 50 cm.

☐ Verdadero
☑ **Falso**

5. **¿Está permitida la realización de una unión de conductores mediante el simple retorcimiento o enrollamiento entre sí de los mismos?**

No, nunca. La unión de conductores ha de realizarse siempre utilizando bornes de conexión montados individualmente o constituyendo bloques o regletas de conexión.

Solucionario Bloque 2 Capítulo 2

1. **¿En qué tipos de instalaciones fotovoltaicas se incluirán sistemas de acumulación o baterías? ¿Por qué?**

   En las instalaciones aisladas de la red eléctrica para asegurar el suministro de la demanda de energía eléctrica en todo momento. En el caso de las instalaciones conectadas a la red no son necesarias puesto que la energía que se va generando se va inyectando a la red al mismo tiempo.

2. **Indique si el orden de las etapas que se establece a continuación es correcto en la elaboración del montaje de una instalación solar fotovoltaica con sistema de apoyo eólico. Si no es correcto, indique el orden correcto.**

   1. Montaje de los elementos del sistema eólico.
   2. Conexionado eléctrico y montaje de las hélices y de la cola del aerogenerador.
   3. Sujeción del aerogenerador mediante una adecuada cimentación.

   No, ese orden es incorrecto. El orden adecuado es el siguiente:

   1. Sujeción del aerogenerador mediante una adecuada cimentación.
   2. Montaje de los elementos del sistema eólico.
   3. Conexionado eléctrico y montaje de las hélices y de la cola del aerogenerador.

3. **Complete las siguientes oraciones sobre los sistemas con bombeo solar.**

   a. Los sistemas con bombeo solar pueden llevar o no **baterías**.
   b. Los sistemas solares fotovoltaicos de bombeo de agua suelen ser **aislados** o **autónomos**.
   c. El número de módulos fotovoltaicos y su conexión dependerán, entre otras cosas, de la **tensión** de trabajo de la bomba.

4. **Indique si las siguientes afirmaciones corresponden a instalaciones centralizadas o descentralizadas de un sistema autónomo.**

    a. Un único generador fotovoltaico suministra a un grupo de viviendas.
    Instalaciones centralizadas.

    b. Cada vivienda es alimentada por su propio generador fotovoltaico.
    Instalaciones descentralizadas.

    c. Solo utiliza un inversor.
    Instalaciones centralizadas.

    d. Se reduce el número necesario de paneles.
    Instalaciones centralizadas.

5. **Nombre los elementos que componen el sistema de puesta a tierra de forma general según se indica en el manual.**

Terreno, toma de tierra o electrodo, conductor de tierra o línea de enlace con el electrodo de puesta a tierra, borne principal de tierra, conductor de protección, conductor de unión equipotencial principal, conductor de equipotencialidad suplementaria, masa, elemento conductor y canalización metálica principal de agua.

Solucionario Bloque 2 Capítulo 3

1. **Indique si las siguientes afirmaciones son verdaderas o falsas.**

   a. Para determinar la disposición de los módulos solares fotovoltaicos en la instalación hay que seguir las especificaciones del fabricante.

      ☑ **Verdadero**
      ☐ Falso

   b. Para el montaje de los paneles solares se deben utilizar arandelas de teflón o nylon para evitar que se produzcan pares galvánicos entre la estructura y el marco.

      ☑ **Verdadero**
      ☐ Falso

   c. La instalación debe permitir el acceso a los paneles solares.

      ☑ **Verdadero**
      ☐ Falso

2. **Indique las características principales que ha de tener una caja de conexiones eléctricas.**

   ▮ Ser accesibles.
   ▮ Ser estancas.
   ▮ Tener un grado de protección adecuado.
   ▮ Llevar un cableado protegido contra la humedad y los fenómenos atmosféricos.
   ▮ Asegurar la conexión con otros módulos o con el conductor exterior.

3. **¿Qué elemento se utiliza, cuando se conectan varios paneles solares en serie, para proteger individualmente a cada panel de posibles daños ocasionados por sombras parciales, impidiendo que las células sombreadas actúen como receptoras?**

   Los diodos de by-pass, también llamados diodos de paso.

4. **Indique si las siguientes afirmaciones corresponden a paneles conectados en serie (conexión en serie) o a paneles conectados en paralelo (conexión en paralelo).**

    a. La tensión resultante coincidirá con la que proporciona un único módulo.
    Conexión en paralelo.

    b. La tensión resultante será la suma de todos los módulos.
    Conexión en serie.

    c. La intensidad resultante será la suma de las intensidades de todos los módulos.
    Conexión en paralelo.

5. **¿A qué tipo de conexión corresponde la siguiente imagen?**

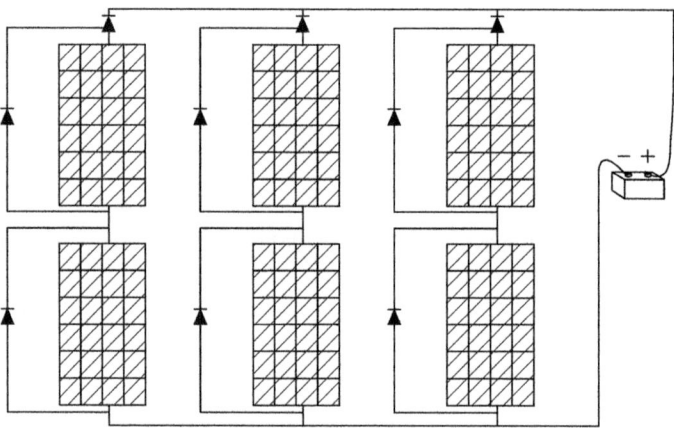

La imagen corresponde a una conexión serie-paralelo de paneles solares fotovoltaicos. Concretamente, se trata de tres conjuntos conectados entre sí en paralelo y formados cada uno por dos paneles solares conectados en serie.

Solucionario Bloque 2 Capítulo 4

1. ¿Qué es el contador de energía?

Es el equipo que permite medir el consumo y/o la producción eléctrica de la instalación solar.

2. ¿En qué unidades suele facilitar las medidas realizadas el contador de energía de la instalación?

En kilovatios por hora (kWh).

3. Indique tres ventajas de los piranómetros que incluyen detectores basados en fotocélulas.

▌ Tienen una respuesta casi instantánea frente a variaciones bruscas de la radiación solar.
▌ Son ligeros.
▌ Suponen un coste bajo.

4. Relacione cada instrumento de medición con la variable que mide.

a. Piranómetro.
b. Albedómetro.
c. Pirheliómetro.

<u>c.</u> Radiación directa.
<u>b.</u> Radiación difusa, permitiendo calcular la radiación neta obtenida.
<u>a.</u> Radiación global.

5. **Complete las siguientes oraciones sobre los sistemas automáticos de seguimiento solar.**

   a. Las instalaciones con sistema de seguimiento solar permiten que los paneles solares fotovoltaicos se orienten siempre **perpendicularmente** a los rayos del sol.

   b. El seguimiento solar se consigue gracias a la movilidad del **soporte** o bastidor sobre el que se fijan los módulos solares fotovoltaicos.

   c. Pueden ser más o menos complejos en función del grado de **precisión** del seguimiento.

Solucionario Bloque 2 Capítulo 5

1. **Complete las siguientes oraciones.**

   a. En instalaciones conectadas a red, el inversor debe instalarse lo más **cerca** posible de los módulos solares fotovoltaicos.

   b. El aislamiento mínimo que han de llevar los conductores de cobre cuando están en el exterior es de **0,6/1** kV.

   c. Para elegir la sección adecuada de los conductores hay que tener en cuenta la caída de tensión y la **tensión** nominal.

2. **En instalaciones solares fotovoltaicas se necesitan conductores con...**

   a. **... secciones superiores a las recomendadas en instalaciones convencionales.**

   b. ... secciones inferiores a las recomendadas en instalaciones convencionales.

   c. ... secciones iguales a las recomendadas en instalaciones convencionales.

   d. ... tensiones superiores a las recomendadas en instalaciones convencionales.

3. **¿Qué elemento representa el símbolo de la imagen en un esquema de una instalación solar fotovoltaica?**

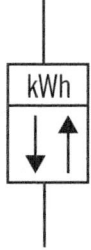

   Representa un contenedor.

4. **¿Cómo ha de ser el mango de las herramientas utilizadas durante la instalación y conexión de los elementos eléctricos?**

   De un material que sea aislante eléctrico.

5. **¿Cuándo se debe utilizar un cinturón o un arnés de seguridad? ¿Qué tipo de riesgo evita este equipo de protección individual?**

El cinturón y el arnés de seguridad se deben utilizar en trabajos realizados en altura. Estos equipos de protección individual evitan caídas a distinto nivel.

Solucionario Bloque 2 Capítulo 6

1. **Complete las siguientes oraciones.**

   a. Dentro de los cuadros eléctricos, normalmente, se encuentran elementos de maniobra, **protección** y control.
   b. Las cajas de conexión han de ser estancas y estar protegidas contra la **humedad**, la radiación ultravioleta y el resto de fenómenos atmosféricos.
   c. Los elementos de protección deben ser adecuados para los valores de **tensión** y el tipo de corriente de la instalación.

2. **Relacione cada elemento de protección con una característica que lo defina.**

   a. Fusible
   b. Magnetotérmico
   c. Diferencial

   a. Interrumpe el circuito donde va instalado por fusión de un hilo interno.
   c. Puedo forzar la apertura automática del circuito cuando se produce un desequilibrio por una derivación de corriente.
   b. La apertura del circuito donde va instalado, por efecto térmico, está basada en la existencia de un elemento bimetálico que se dilata y abre el circuito con el aumento de la temperatura.

3. **Indique si las siguientes afirmaciones son verdaderas o falsas.**

   a. Cuando se realiza una instalación hay que comprobar que el dimensionado de todos los dispositivos de protección y seguridad es adecuado, que el cableado de los mismos es correcto y que su actuación y conexión también lo son.

      ☑ **Verdadero**
      ☐ Falso

b. Según el REBT, los dispositivos generales de mando y protección deben situarse lo más lejos posible del punto de entrada de la derivación individual en el local o vivienda del usuario.

☐ Verdadero
☑ **Falso**

c. Según el REBT, la misión del interruptor diferencial general es la protección de los circuitos contra contactos indirectos.

☑ **Verdadero**
☐ Falso

4. ¿Qué diferencias existen entre un contacto eléctrico de tipo directo e indirecto?

Según el REBT, un contacto eléctrico de tipo directo es "el contacto de personas con partes activas de los materiales y equipos". Por otro lado, los contactos indirectos son "los contactos de personas con masas puestas accidentalmente en tensión".

5. ¿Cuáles son los aspectos básicos que hay que recordar para evitar riesgo, siempre que se vaya a trabajar en una instalación eléctrica?

▌ Cortar todas las fuentes de tensión.
▌ Bloquear los aparatos de corte.
▌ Verificar la ausencia de tensión.
▌ Poner a tierra y en cortocircuito todas las posibles fuentes de tensión.
▌ Delimitar y señalizar la zona de trabajo.
▌ Utilizar los equipos de protección individual apropiados de forma adecuada.

Solucionario Bloque 2 Capítulo 7

1. **Complete las siguientes oraciones.**

   a. Cuando los conductores son aislados pueden ir **posados** o tensados.

   b. En el montaje de canalizaciones aéreas con conductores aislados que van posados, hay que tener en cuenta que la distancia mínima a la que deben ir del borde superior de la abertura de las ventanas es de **30** cm.

   c. En el montaje de canalizaciones aéreas con conductores aislados que van tensados, la distancia mínima desde el **suelo** ha de ser 4 m.

2. **En proximidades y paralelismos entre canalizaciones aéreas y otros elementos hay que seguir una serie de pautas en función del tipo de elemento al que estén próximas o paralelas. Relacione cada tipo de elemento con los aspectos generales más adecuados a seguir.**

   a. Una línea aérea de alta tensión.

   b. Una carretera.

   c. Una canalización de gas.

   c. Debe existir una distancia de 20 cm.

   a. Habrá que evitar la construcción a distancias inferiores a 1,5 veces la altura el apoyo más alto entre las trazas de los conductores más próximos

   b. Cuando las líneas aéreas estén formadas por conductores aislados, la distancia mínima a la que deben volar respecto a este elemento ha de ser de 4 m.

3. **De forma general, ¿dónde se suelen ubicar las canalizaciones subterráneas?, ¿cómo suele ser su trazado?**

   Las canalizaciones se suelen ubicar en terrenos de dominio público, con un trazado rectilíneo y paralelo a referencias fijas (líneas de fachada o bordillos de aceras, por ejemplo).

4. **Indique si las siguientes afirmaciones, sobre cruzamientos de cables subterráneos con otros elementos, son verdaderas o falsas.**

a. Cuando se cruzan con una calle, los cables deben colocarse a una profundidad de 50 cm como mínimo.

☐ Verdadero
☑ **Falso**

b. Cuando se cruzan con un cable de telecomunicación, los cables deben ir colocados a una profundidad mínima de 1,3 m.

☐ Verdadero
☑ **Falso**

c. Cuando se cruzan con canalizaciones de agua, debe existir una distancia mínima de 20 cm entre los cables de energía eléctrica y la canalización de agua.

☑ **Verdadero**
☐ Falso

5. **En la instalación y colocación de tubos metálicos sin aislamiento interior hay que prever la posibilidad de que se produzca condensación de agua en su interior. Mencione tres formas generales de evitarlo.**

❙ Realizar un correcto trazado.
❙ Prever la evacuación del agua.
❙ Crear una buena y adecuada ventilación en el interior de los tubos.

Solucionario Bloque 2 Capítulo 8

1. **Nombre las cuatro pruebas de puesta en marcha mínimas que ha de realizar el instalador.**

   ▌ Funcionamiento y puesta en marcha de todos los sistemas.
   ▌ Pruebas de arranque y parada en distintos momentos del funcionamiento.
   ▌ Pruebas de los elementos y medidas de protección, seguridad y alarma.
   ▌ Determinación de la potencia instalada.

2. **Complete el siguiente texto.**

   La supervisión **eléctrica** es un proceso cuya finalidad es controlar la **calidad** y **seguridad** de la instalación eléctrica. Debe realizarse durante todo el proceso de ejecución de la obra, pero es primordial una vez terminadas las tareas de **montaje** de la instalación, antes de ser entregada al usuario, es decir, antes de ponerla en funcionamiento.

3. **Relacione cada equipo de medida con la afirmación que corresponda.**

   a. Célula solar.
   b. Voltímetro.
   c. Pinza amperimétrica.

   b. Permite medir la tensión eléctrica.
   a. Debe situarse junto a los módulos.
   c. Permite medir la intensidad eléctrica que circula por un circuito.

4. **Calcule la intensidad de corriente en un punto de una instalación, sabiendo que en ese punto la tensión es de 240 V y la potencia eléctrica es de 12 kW.**

   Datos:

   $V = 240$ V
   $P = 12$ kW

Solución:

Para empezar hay que pasar la potencia a vatios, que es como deberá aparecer en la fórmula que se va a aplicar.

$$P = 12 \text{ kW} = 12.000 \text{ W}$$

A continuación, se despejará la intensidad eléctrica de la fórmula básica que aparece en el manual y se sustituirán los valores proporcionados.

$$P = V \cdot I \rightarrow I = P / V \rightarrow I = 12.000 / 240 \rightarrow I = 50 \text{ A}$$

De este modo, se consigue obtener el valor de la intensidad de corriente en ese punto de la instalación, que será de 50 A.

5. **Nombre las cuatro principales tareas que se deben llevar a cabo durante la etapa de recepción de la instalación.**

- Emisión del certificado.
- Limpieza de la instalación.
- Entrega del manual de instrucciones y uso de la instalación.
- Comprobación posterior.

Solucionario Bloque 2 Capítulo 9

1. Complete el siguiente texto.

El Reglamento Electrotécnico para Baja Tensión fue aprobado tras deliberación del Consejo de Ministros y reflejado en el Real Decreto **842/2002**, de 2 de **agosto** de 2002, y publicado en el BOE nº 224 de fecha 18 de septiembre de **2002**. Dicho reglamento se estructura en 29 **artículos** y **51** instrucciones técnicas complementarias.

2. Indique cuál es el objeto del Reglamento Electrotécnico de Baja Tensión.

El Reglamento Electrotécnico de Baja Tensión (REBT) tiene por objeto establecer las condiciones técnicas y las garantías que deben reunir las instalaciones eléctricas conectadas a una fuente de suministro de baja tensión, con las siguientes finalidades:

- Preservar la seguridad de las personas y los bienes.
- Asegurar el normal funcionamiento de dichas instalaciones.
- Contribuir a la fiabilidad técnica y a la eficiencia económica de las instalaciones.

3. ¿Qué son las ITC-BT?

Las ITC-BT son las instrucciones técnicas complementarias para baja tensión. Son instrucciones de carácter concreto que desarrollan los 29 artículos del Reglamento Electrotécnico de Baja Tensión.

4. ¿Cuál es el objeto de la ITC-BT-41?

El objeto de la ITC-BT-41 es determinar los requisitos de instalación de las caravanas y los parques de caravanas.

5. ¿Qué ITC se aplica a la instalación para la iluminación de carreteras?

La ITC-BT-09: Instalaciones de alumbrado exterior.

Solucionario 6
Mantenimiento de instalaciones solares fotovoltaicas

 Solucionario Capítulo 1

1. **Indique si las siguientes afirmaciones son verdaderas o son falsas.**

    a. La Ley de Prevención de Riesgos Laborales recoge la necesidad de implantar y aplicar un Plan de prevención de riesgos laborales para conseguir el objetivo de integrar la prevención de riesgos laborales en el sistema general de gestión de la empresa.

        ☑ **Verdadero**
        ☐ Falso

    b. Una vez que se realiza el Plan de prevención, será válido para siempre, sin necesidad de ser actualizado en ningún momento.

        ☐ Verdadero
        ☑ **Falso**

    c. La evaluación de riesgos es obligación del trabajador.

        ☐ Verdadero
        ☑ **Falso**

2. **Indique cinco documentos básicos que el empresario debe elaborar y conservar a disposición de la autoridad laboral.**

    ▍ El Plan de prevención de riesgos laborales.
    ▍ La evaluación de los riesgos para la seguridad y la salud en el trabajo, incluyendo el resultado de los controles periódicos de las condiciones de trabajo y de la actividad de los trabajadores.
    ▍ La planificación de la actividad preventiva, incluyendo las medidas de protección y prevención a adoptar y el material de protección que se deba utilizar.
    ▍ La práctica de los controles del estado de salud de los trabajadores y las conclusiones obtenidas de los mismos.
    ▍ La relación de accidentes de trabajo y enfermedades profesionales que hayan causado al trabajador una incapacidad laboral superior a un día de trabajo, con su correspondiente notificación.

3. **Complete las siguientes oraciones con la/s palabra/s adecuada/s.**

La implantación de un correcto sistema de **prevención** contribuye a la **reducción** de los accidentes laborales y de las **enfermedades** profesionales, aumentando a su vez la productividad, **disminuyendo** los costes y mejorando la **calidad** del trabajo.

4. **¿Qué acciones preventivas se deben llevar a cabo para mejorar la seguridad ante el peligro de caídas al mismo nivel en superficies resbaladizas o con obstáculos?**

Para prevenir las caídas al mismo nivel en superficies resbaladizas o con obstáculos, es importante mantener los suelos secos, el orden y la limpieza, eliminar los residuos y obstáculos en el área de trabajo, no tender cables, conducciones, mangueras, etc., por la zona de trabajo, señalizar los obstáculos que haya y las diferencias de nivel en el suelo y utilizar calzado adecuado con suela antideslizante.

5. **¿Cómo se ha de actuar sobre el trabajador para evitar los riesgos vinculados a una determinada actividad laboral?**

En primer lugar, se intentarán tomar las medidas de protección colectivas oportunas y si estas no son viables, habrá que recurrir a los medios de protección individual.

6. **Defina los equipos de protección individual de categoría 1.**

Se trata de equipos sencillos, en los que el propio usuario puede determinar su eficacia contra riesgos mínimos, cuyos efectos pueden ser percibidos a tiempo, sin que el usuario corra peligro.

7. **Complete las siguientes oraciones con la palabra/s adecuada/s.**

a. La concienciación social a nivel medioambiental va **aumentando** año tras año.
b. La **reutilización** se define como el empleo de un producto usado para el mismo fin para el que fue diseñado originariamente.
c. El **reciclado** se puede definir como la transformación de los residuos, dentro de un proceso de producción, para su fin inicial o para otros fines.

8. **Relacione cada ley con lo que establece.**

    a. Ley 7/2022, de 8 de abril.
    b. Ley 31/1995, de 8 de noviembre.

    b. Es necesario implantar y aplicar un Plan de prevención de riesgos laborales para conseguir el objetivo de integrar la prevención de riesgos laborales en el sistema general de gestión de la empresa.

    a. El poseedor de los residuos está obligado a mantenerlos en condiciones adecuadas de higiene y seguridad.

    a. Está totalmente prohibido el abandono, vertido o eliminación incontrolada de residuos en todo el territorio nacional.

9. **Indique si las siguientes afirmaciones son verdaderas o son falsas.**

    a. Para que las situaciones de emergencia se resuelvan de una manera correcta y rápida es necesario disponer de los elementos de seguridad adecuados y que el personal sepa actuar correctamente.

        ☑ **Verdadero**
        ☐ Falso

    b. El Plan de emergencia es el documento que recoge todas las actuaciones a llevar a cabo por el personal en caso de que surja una situación de emergencia.

        ☑ **Verdadero**
        ☐ Falso

    c. Los pasillos y las puertas son vías de evacuación verticales.

        ☐ Verdadero
        ☑ **Falso**

10. **¿Qué significa la siguiente señal de seguridad? (Tenga en cuenta que su fondo es azul y el pictograma es blanco).**

Se trata de una señal de obligación que indica la obligatoriedad de usar protección de la cabeza, por ejemplo, con un casco de protección.

Solucionario Capítulo 2

1. **¿Es necesario que las pruebas, actuaciones y controles realizados durante las pruebas de comprobación y las tareas de ajuste queden por escrito?**

Sí, deben quedar anotadas adecuadamente en el registro previsto para ello, con todos los resultados obtenidos, y además dichas anotaciones han de ser incorporadas al resto de la documentación de la instalación.

2. **Si se necesita medir tensiones con mayor exactitud, ¿qué tipo de multímetro se debería utilizar?**

Para la medición de tensiones con mayor exactitud se recomienda utilizar el multímetro digital en lugar del analógico.

3. **Defina qué es un vatímetro.**

El vatímetro es el instrumento que se utiliza para la medición de la potencia eléctrica.

4. **Relacione cada instrumento de medida con la variable eléctrica que mide.**

  a. Amperímetro.
  b. Voltímetro.
  c. Ohmímetro.

  b Tensión.
  c Resistencia eléctrica.
  a Intensidad de corriente eléctrica.

5. **Indique si las siguientes afirmaciones son verdaderas o son falsas.**

  a. Los programas de mantenimiento se ejecutan teniendo en cuenta los recursos financieros únicamente.

    ☐ Verdadero
    ☑ **Falso**

b. El mantenimiento lo debe realizar una persona o empresa autorizada.

☑ **Verdadero**
☐ Falso

c. Los fabricantes deben definir las características de los elementos que fabrican a través de ensayos y deben facilitarlos al usuario a través del Manual de uso y mantenimiento, pero no tienen la obligación de hacerlo.

☐ Verdadero
☑ **Falso**

6. **¿Qué dos documentos ha de tener presentes para elaborar el programa de mantenimiento de una instalación solar fotovoltaica? ¿Por qué?**

El manual de uso y mantenimiento y el proyecto porque los manuales de uso y mantenimiento facilitan información acerca de cada equipo o elemento y el proyecto contiene las especificaciones del conjunto de la instalación.

7. **¿Sabe usted si durante el mantenimiento preventivo es posible detectar conexiones flojas? ¿A qué puede deberse? ¿Cómo puede solucionarse?**

Por supuesto que es posible detectar que existen conexiones flojas durante las tareas de mantenimiento preventivo. Esto puede deberse al paso del tiempo y a las circunstancias que van sucediendo durante el uso de la instalación. La forma de solucionarlo es simplemente apretando dichas conexiones con la ayuda de las herramientas adecuadas y en caso de que la conexión se hay aflojado porque se haya producido un deterioro de la misma, habrá que sustituir los elementos necesarios para restablecer sus características iniciales.

8. **Nombre las cinco fases en las que se puede dividir la implantación del plan o programa de gestión energética, en el orden correcto según el manual.**

▌ Planificación de la gestión.
▌ Diagnóstico energético.
▌ Plan de actuación.
▌ Implantación de medidas.
▌ Seguimiento, control, ajuste y evaluación.

9. **Indique si las siguientes afirmaciones son verdaderas o son falsas.**

   a. El densímetro se utiliza para comprobar el estado de carga de la batería.

   ☑ **Verdadero**
   ☐ Falso

   b. Las llaves de apriete se utilizan para apretar todo tipo de elementos, como por ejemplo tornillos.

   ☐ Verdaero
   ☑ **Falso**

   c. El pelacables es un tipo de alicate muy utilizado en trabajos de electricidad.

   ☑ **Verdadero**
   ☐ Falso

10. **Complete las siguientes oraciones con la/s palabra/s adecuada/s.**

   a. El alicate plano se utiliza principalmente para **sujetar** y **doblar.**
   b. El destornillador a utilizar para un trabajo de electricidad ha de tener un **mango** aislante.
   c. Nunca se debe verter agua **fría** sobre un panel caliente para limpiarlo.

Solucionario Capítulo 3

1. **Escriba los inconvenientes que tiene decidirse por un mantenimiento de tipo correctivo.**

   ▌ Las paradas son inesperadas, no están controladas ni programadas previamente.

   ▌ Suele ser consecuencia de averías de gran importancia, por lo que los costes de reparación pueden ser muy elevados tanto por el coste de las piezas y de la mano de obra como por el coste que supone un tiempo de parada prolongado.

   ▌ El número de piezas de que debe disponerse en almacén es elevado ya que no se sabe qué pieza puede fallar en cualquier momento.

   ▌ No permite conocer el estado real de la instalación.

   ▌ Se produce un aumento del riesgo de accidentes, ya que puede estar fraguándose una avería en algún componente de la instalación que entrañe peligro.

   ▌ Puede producirse el mismo fallo reiteradamente sin descubrir cuál es la causa que lo origina y, por tanto, no llegar a erradicar el problema.

   ▌ Pueden producirse situaciones en las que no sea posible cumplir las normas de prevención de riesgos laborales y/o de calidad al no estar los componentes en buen estado.

2. **Indique si las siguientes afirmaciones son verdaderas o son falsas.**

   a. El mantenimiento correctivo se realiza antes de que se produzca un fallo en la instalación solar fotovoltaica.

      ☐ Verdadero
      ☑ **Falso**

   b. La experiencia y la formación del operario de mantenimiento influirá en el tiempo necesario para que el operario de mantenimiento localice una avería, haga un diagnóstico y decida cómo solucionarla.

      ☑ **Verdadero**
      ☐ Falso

c. La generación de ruidos anormales puede ser un aspecto identificador de que se ha producido una avería.

☑ **Verdadero**
☐ Falso

3. **Si el rendimiento de una instalación solar fotovoltaica disminuye considerablemente, ¿puede deberse a una avería en la instalación?**

   a. **Sí.**
   b. No.
   c. Sí, aunque normalmente no se debe tomar como un síntoma de avería.

4. **Complete las siguientes oraciones con la/s palabra/s adecuada/s.**

   a. Cuando una avería afecta al funcionamiento de la instalación solar fotovoltaica, la avería provocará el **paro** de la instalación y la **interrupción** de la producción de energía eléctrica.
   b. Los paneles solares fotovoltaicos pueden presentar averías producidas por el deterioro o la rotura del vidrio debido a la realización de un **montaje** erróneo, a golpes accidentales o a actos vandálicos.
   c. Cuando las **baterías** o acumuladores se agotan y dejan de funcionar, puede ser porque se han dimensionado por **debajo** de las necesidades reales de consumo.

5. **Si se sigue el circuito mediante el puenteo correlativo de cada elemento de protección o control para comprobar la existencia de tensión en los elementos y se detecta un fallo en algún elemento, ¿qué hay que hacer?**

   Habrá que sustituir ese elemento y continuar con la revisión del resto de los elementos de la instalación.

6. **¿Es necesario utilizar las herramientas más adecuadas a cada trabajo de desmontaje y reposición de piezas?**

   Sí, se deben utilizar las herramientas adecuadas para cada operación concreta para obtener mejores resultados, facilitar el trabajo y evitar posibles accidentes.

Solucionario Capítulo 4

1. **Indique si las siguientes afirmaciones son verdaderas o son falsas.**

   a. La implantación de un sistema de gestión de la calidad influye en la motivación del personal.

   ☑ **Verdadero**
   ☐ Falso

   b. En 1994, las normas ISO 9001, ISO 9002 e ISO 9003 se unen bajo una única norma ISO 9001.

   ☐ Verdadero
   ☑ **Falso**

   c. La familia de normas ISO 9000 ha sido elaborada por un equipo de expertos, conocido como Comité Técnico ISO/TC 176.

   ☑ **Verdadero**
   ☐ Falso

2. **¿Cuáles suelen ser las partes del pliego de prescripciones técnicas de una instalación solar fotovoltaica?**

   El pliego de prescripciones técnicas suele dividirse en tres partes:

   ▌ Pliego de condiciones generales legales y administrativas.
   ▌ Pliego de prescripciones técnicas particulares: especificaciones de materiales y equipos y especificaciones de ejecución.
   ▌ Pliego de cláusulas administrativas particulares, condiciones económicas.

3. **¿Qué significado tiene el contexto de la organización, según la ISO 9001:2015?**

El contexto de la empresa es un nuevo requisito de la norma ISO 9001:2015, ya que señala que la organización debe considerar todos los aspectos internos y externos que pueden influir en los objetivos estratégicos y la planificación del Sistema de Gestión de la Calidad.

4. **Complete las oraciones relacionadas con la ISO 9001:2015.**

    a. Es necesario que la organización determine las cuestiones **internas** y **externas** que son pertinentes para su propósito y dirección estratégica y que influyen en su capacidad para lograr los resultados previstos de su sistema de **gestión** de la **calidad**.

    b. Cuando se determine la necesidad de cambios en el sistema de gestión de la calidad por parte de la organización, el cambio se efectuará de manera **planificada** y **sistemática**.

    c. La organización tiene que implementar condiciones **controladas** para la producción y prestación del servicio, incluyendo actividades de **entrega** y **posentrega**.

5. **Según la ISO 9001:2015, la organización tiene que determinar y elegir las oportunidades de mejora e implementar las acciones requeridas para cumplir los requisitos del cliente y mejorar su satisfacción. ¿Qué debe incluir cuando sea adecuado?**

    a. Mejorar los procesos para prevenir disconformidades.

    b. Mejorar los productos y servicios para cumplir los requisitos conocidos y previstos.

    c. Mejorar los resultados del sistema de gestión de la calidad.

6. **¿Qué es una ficha técnica?**

La ficha técnica es un documento que contiene todos los datos previos que facilita el fabricante: fabricante, modelo, número de serie, identificación en la instalación, lugar de instalación y el resto de características técnicas propias del elemento en cuestión.

7. **El informe de operaciones debe contener...**

    a. ... únicamente las operaciones realizadas en relación al mantenimiento preventivo.

    b. ... únicamente las operaciones realizadas en relación al mantenimiento correctivo.

    c. ... todas las operaciones de mantenimiento llevadas a cabo, ya sean de tipo preventivo o correctivo.

8. **Relacione cada fase para realizar el manual de mantenimiento de acuerdo con la gestión de la calidad con el concepto más representativo de la misma.**

    a. Recopilación de información técnica.

    b. Cumplimentación de fichas técnicas.

    c. Informe previo.

    c Conocimiento del estado de funcionalidad de los diferentes elementos y componentes de la instalación.

    b Registros de datos técnicos de cada componente de la instalación que estará sujeto a mantenimiento.

    a Conocimiento de la instalación.